Anatomy and Physiology Coloring Book

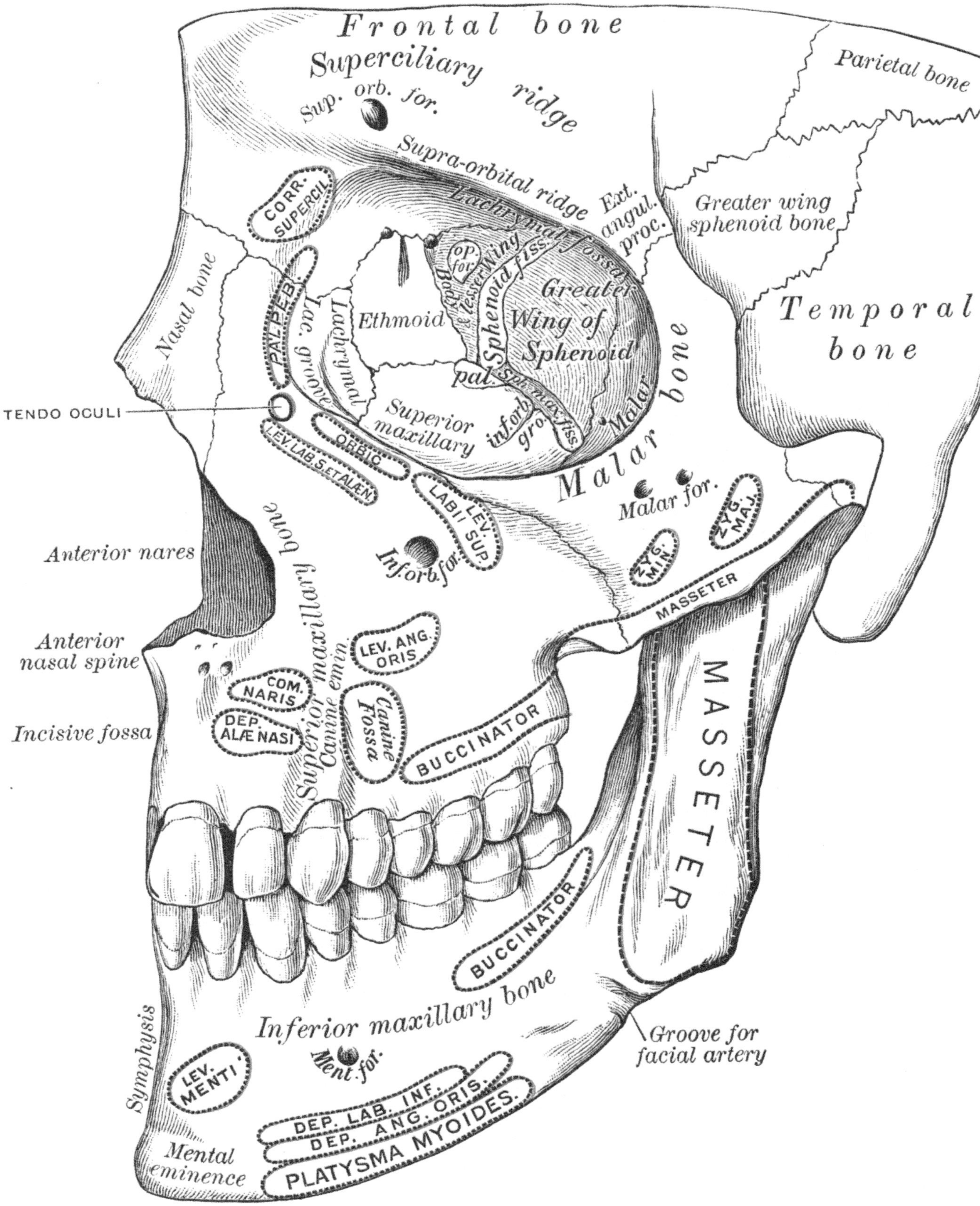

Frontal bone
Superciliary ridge
Sup. orb. for.
Supra-orbital ridge
Lachrymal fossa
Ext. angul. proc.
Parietal bone
Greater wing sphenoid bone
CORR. SUPERCIL.
Op. for.
Body & lesser wing
Sphenoid fiss.
Greater Wing of Sphenoid
Ethmoid
Lachrymal
Lac. groove
PAL. PEB.
Nasal bone
Temporal bone
Malar bone
TENDO OCULI
pal.
Sph. max. fiss.
inf. orb. gro.
Malar
Superior maxillary
LEV. LAB. SUP. ET ALÆ N.
ORBIC.
LEV. LABII SUP.
Malar
Malar for.
ZYG. MAJ.
ZYG. MIN.
MASSETER
Anterior nares
Infra orb. for.
Superior maxillary bone
Anterior nasal spine
LEV. ANG. ORIS
COM. NARIS
Canine emin.
Canine fossa
DEP. ALÆ NASI
Incisive fossa
BUCCINATOR
MASSETER
BUCCINATOR
Inferior maxillary bone
Groove for facial artery
Symphysis
LEV. MENTI
Ment. for.
DEP. LAB. INF.
DEP. ANG. ORIS.
PLATYSMA MYOIDES.
Mental eminence

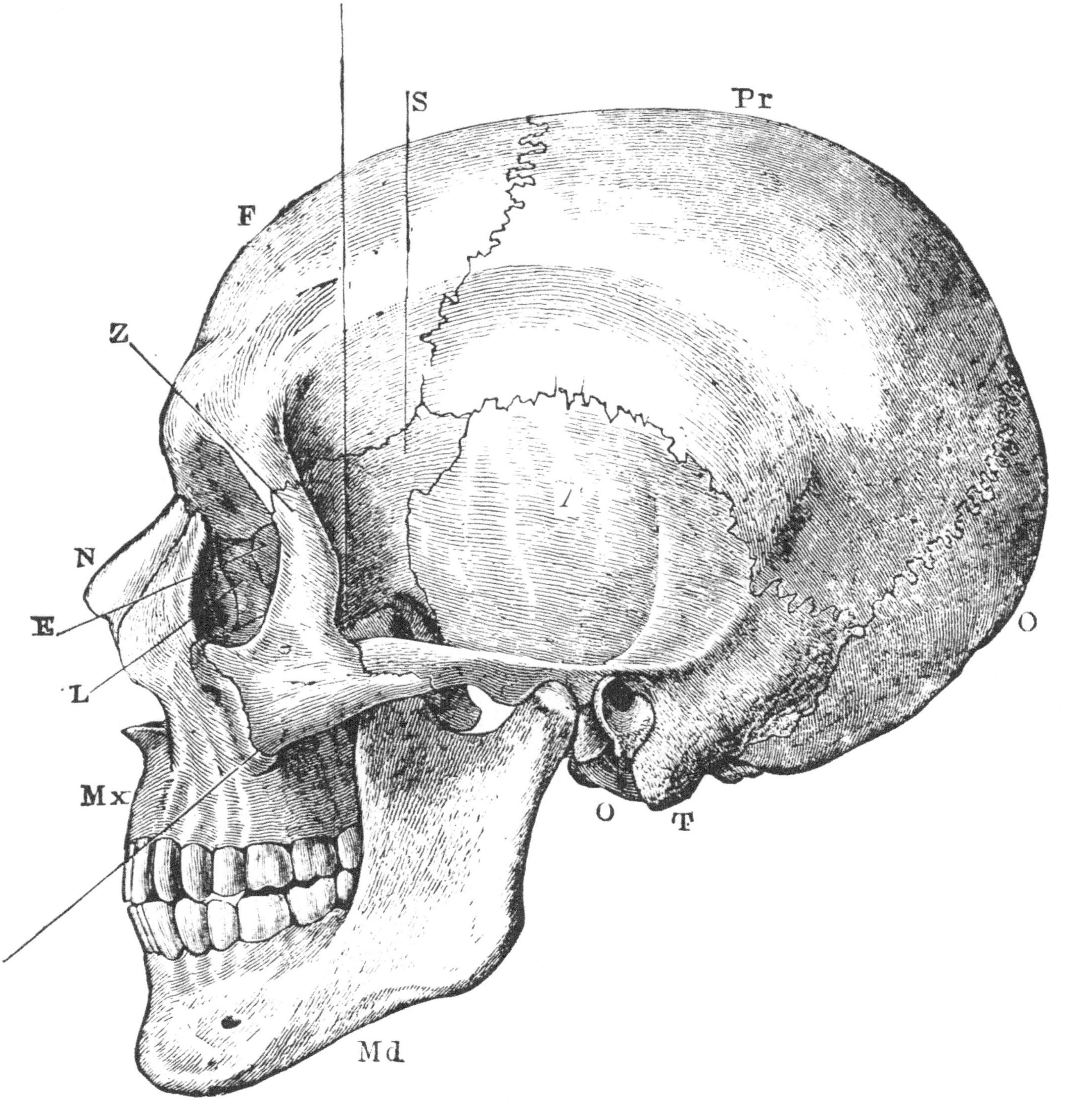
S
Pr
F
Z
N
E
L
Mx
O
O
T
Md

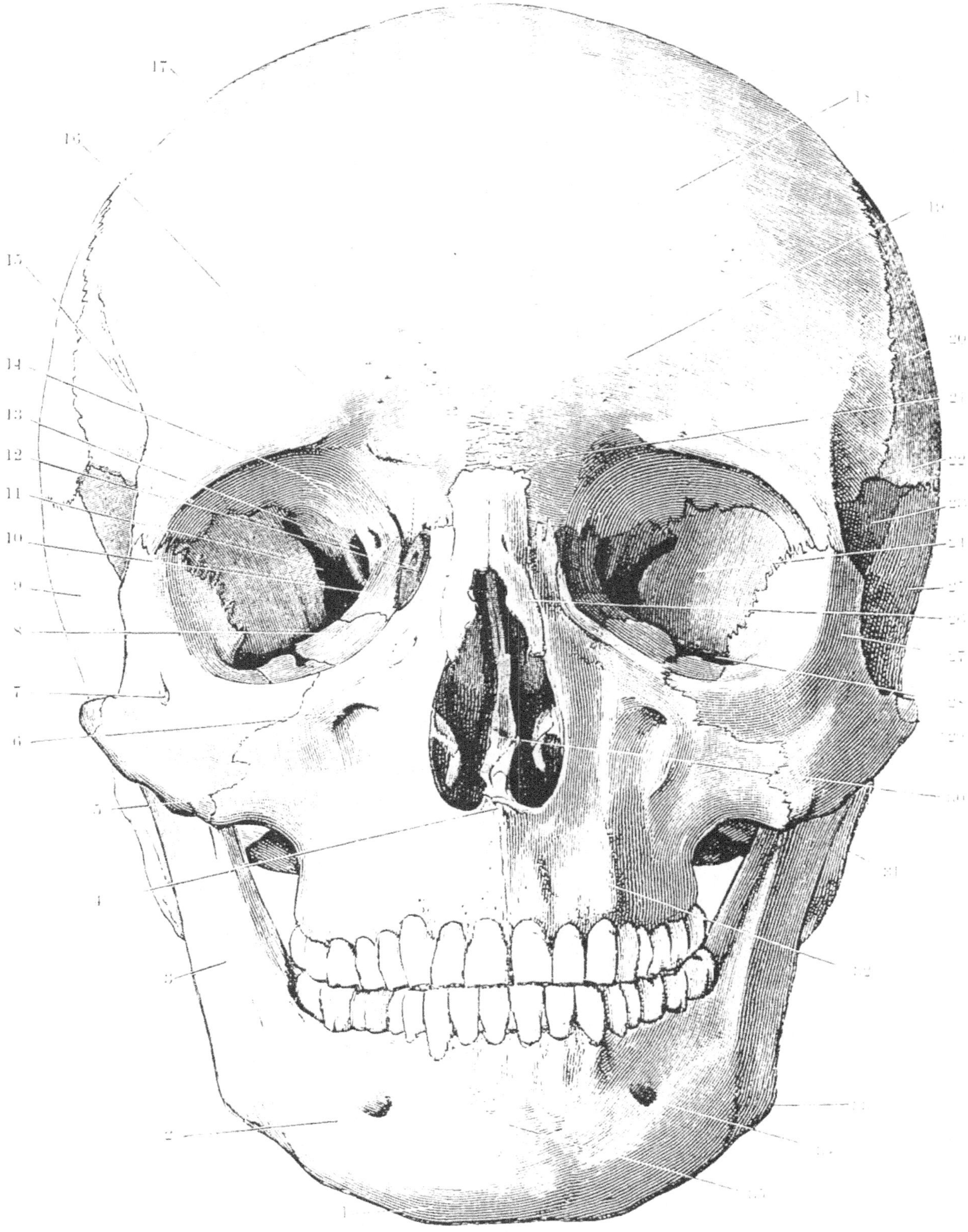
17
16
15
14
13
12
11
10
9
8
7
6
5
4
3
2

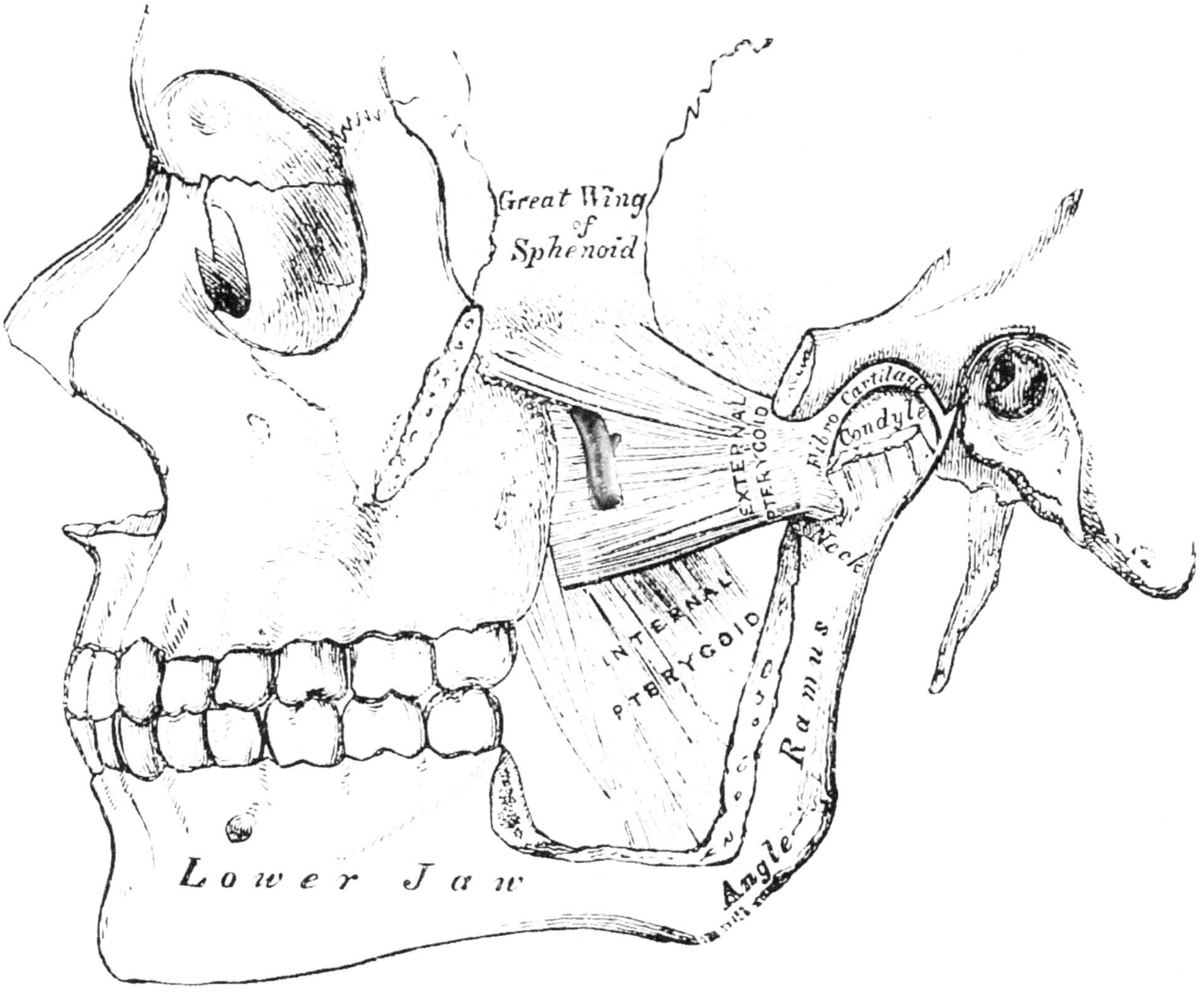

Great Wing of Sphenoid
EXTERNAL PTERYGOID
Fibro Cartilage
Condyle
Neck
INTERNAL PTERYGOID
Ramus
Angle
Lower Jaw

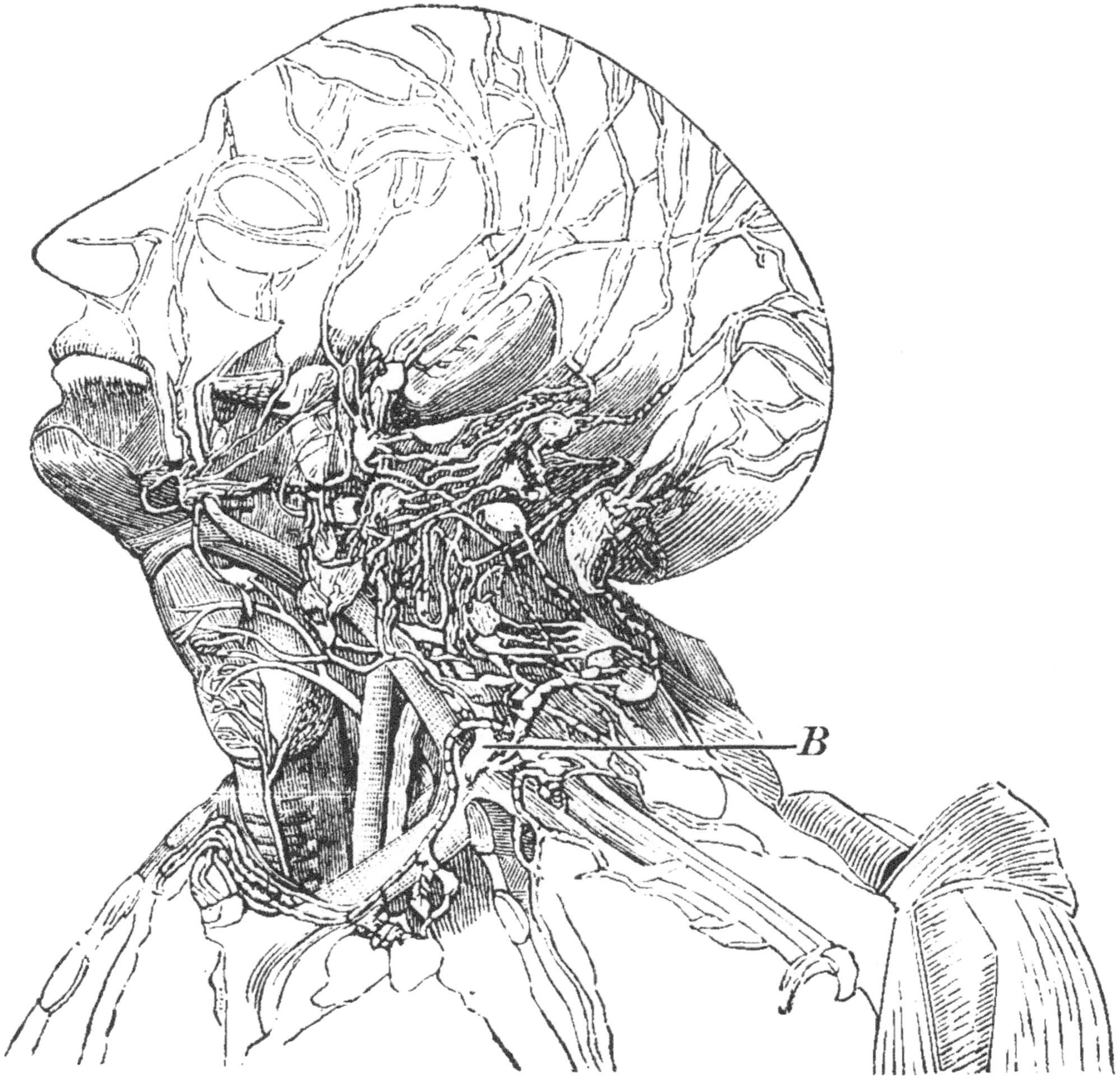
B

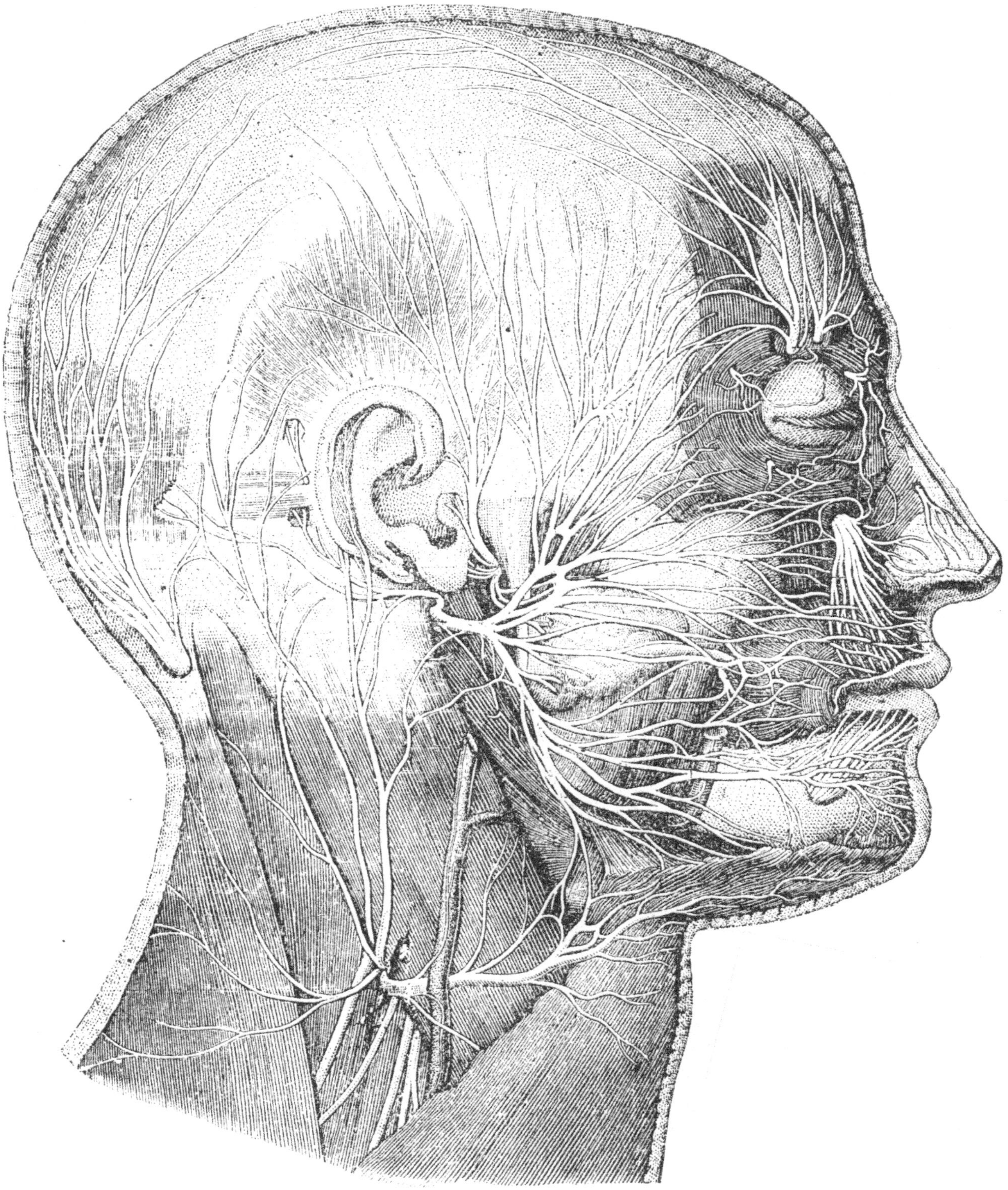

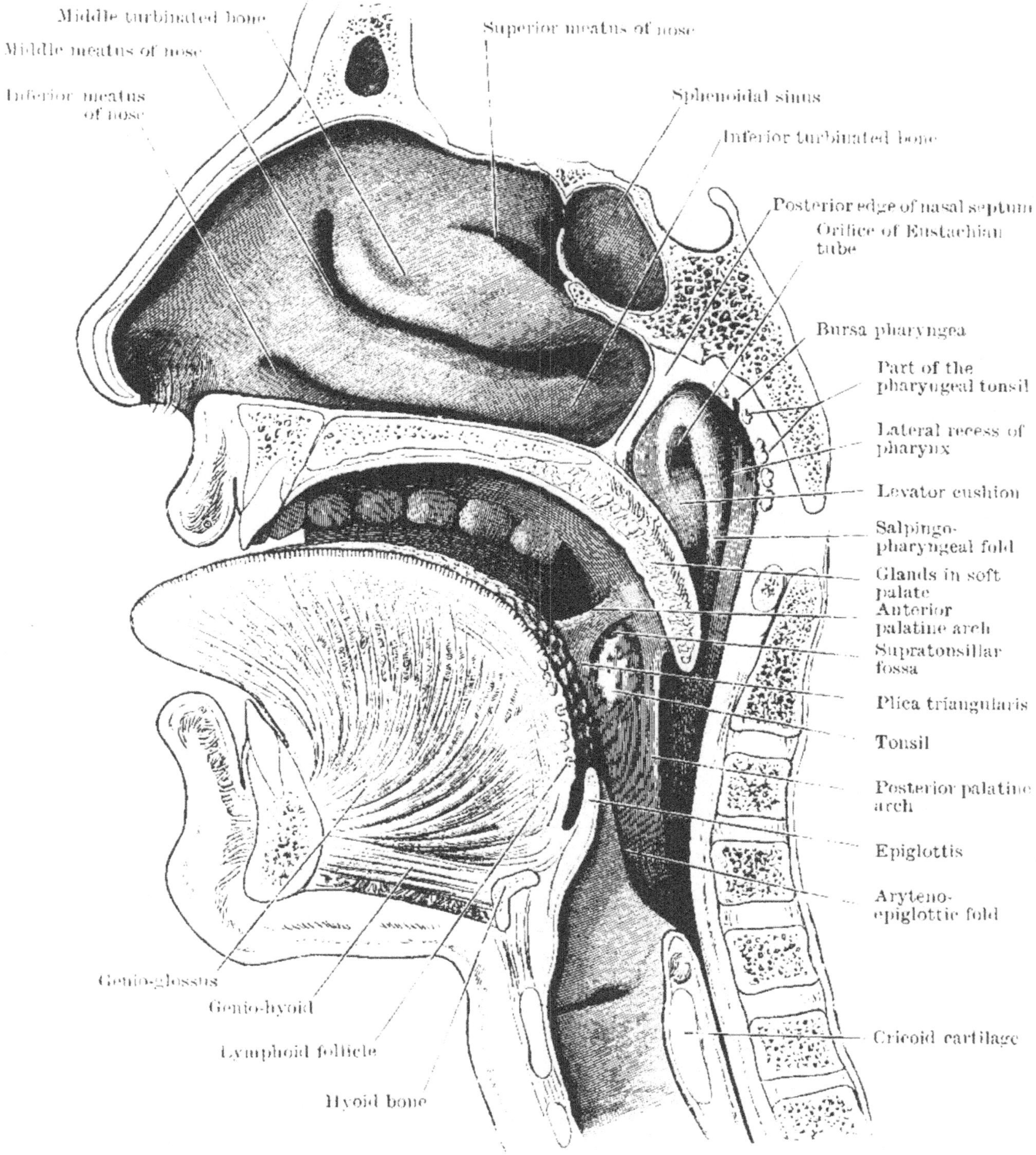

Middle turbinated bone
Middle meatus of nose
Inferior meatus of nose
Superior meatus of nose
Sphenoidal sinus
Inferior turbinated bone
Posterior edge of nasal septum
Orifice of Eustachian tube
Bursa pharyngea
Part of the pharyngeal tonsil
Lateral recess of pharynx
Levator cushion
Salpingo-pharyngeal fold
Glands in soft palate
Anterior palatine arch
Supratonsillar fossa
Plica triangularis
Tonsil
Posterior palatine arch
Epiglottis
Aryteno-epiglottic fold
Cricoid cartilage
Genio-glossus
Genio-hyoid
Lymphoid follicle
Hyoid bone

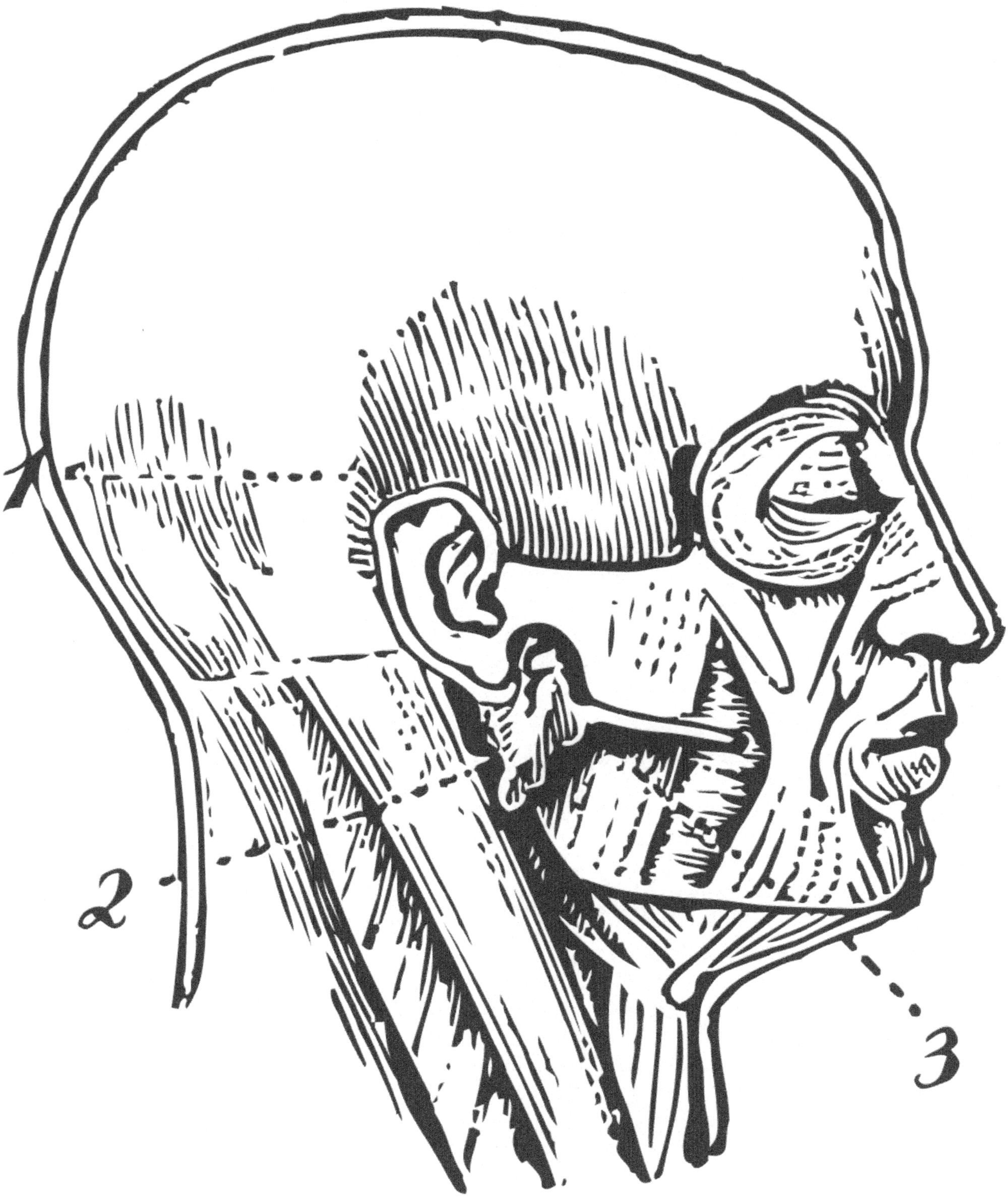
2
3

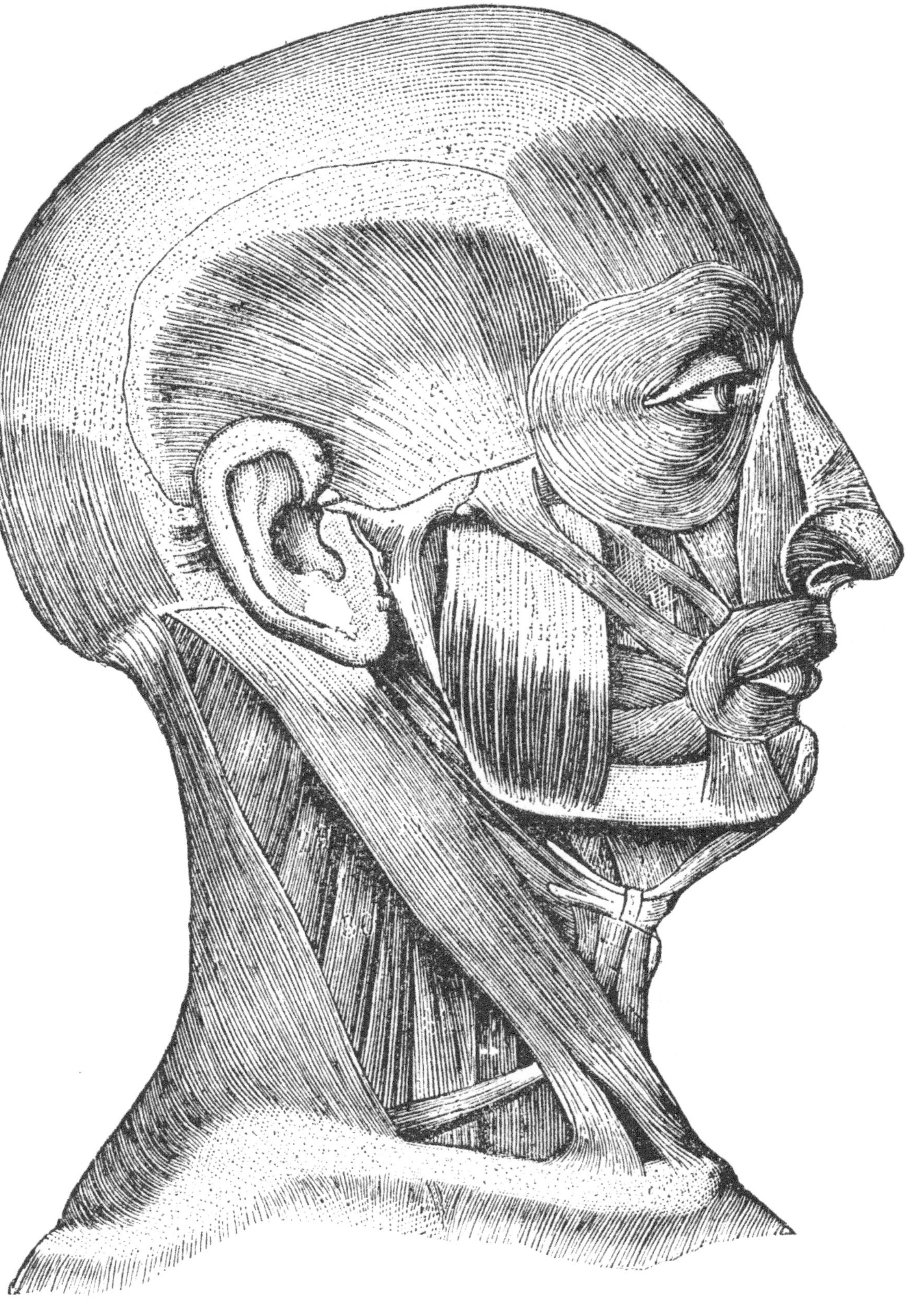

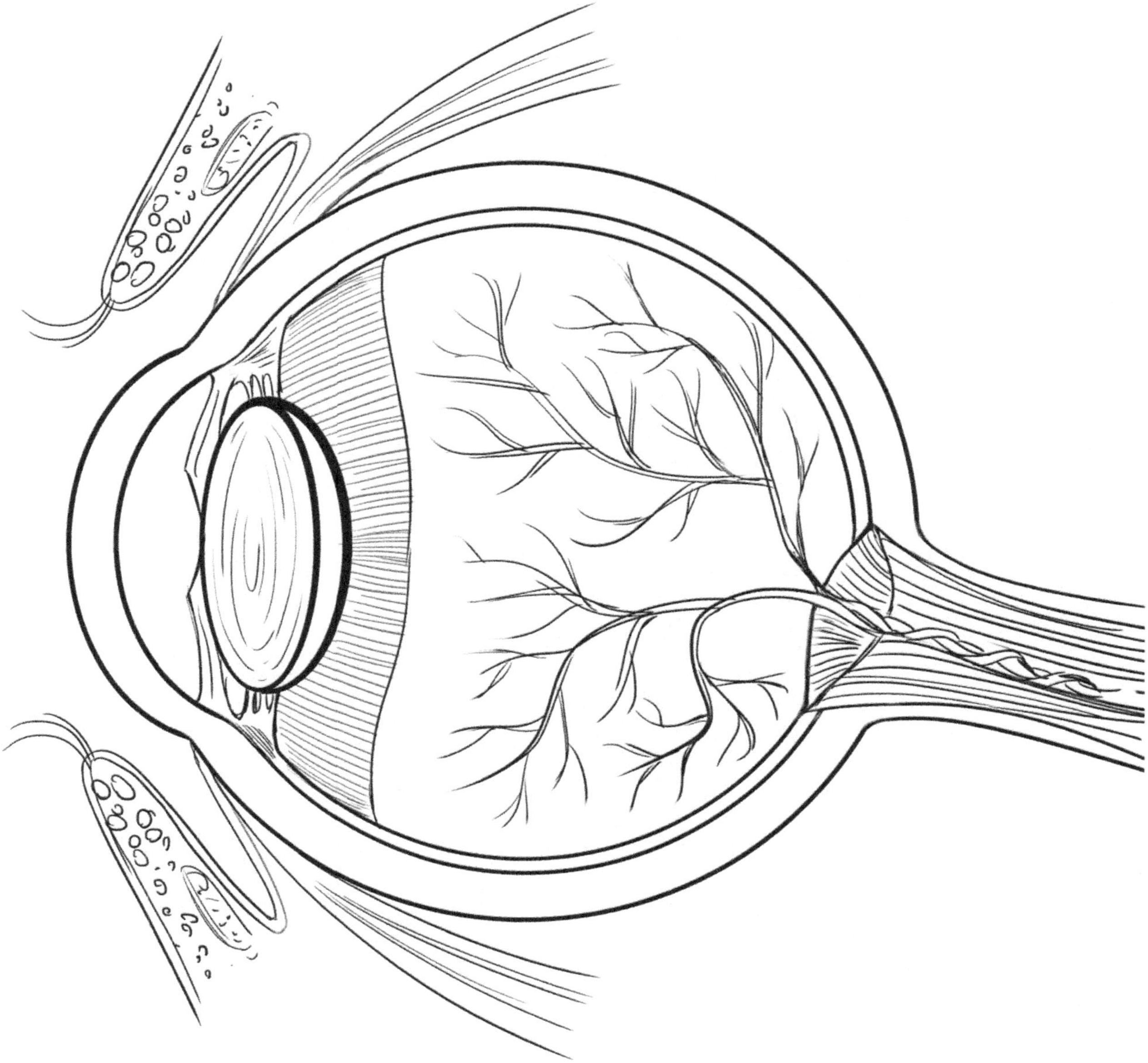

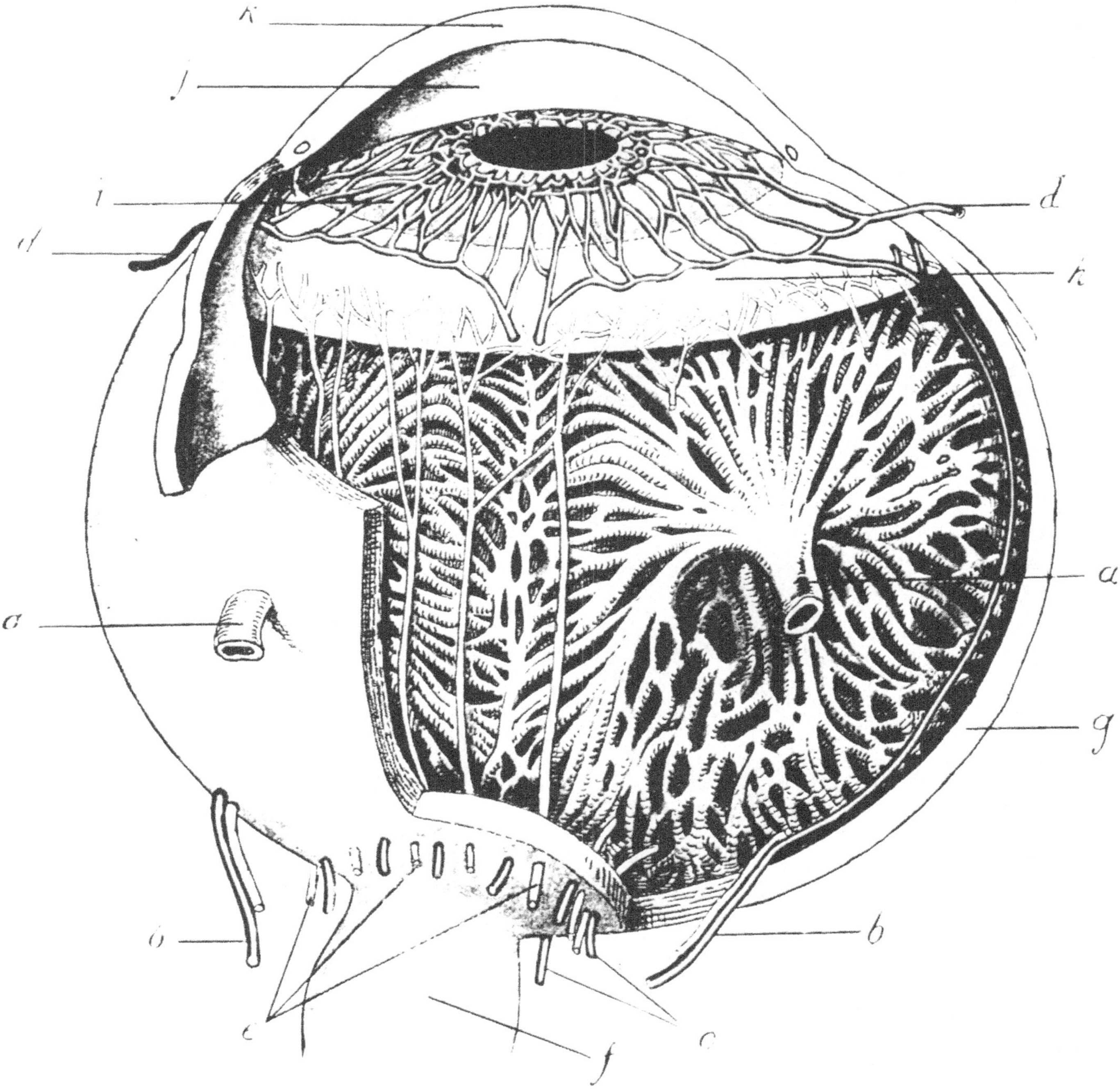

d
d
k
a
a
g
b
b
e
f

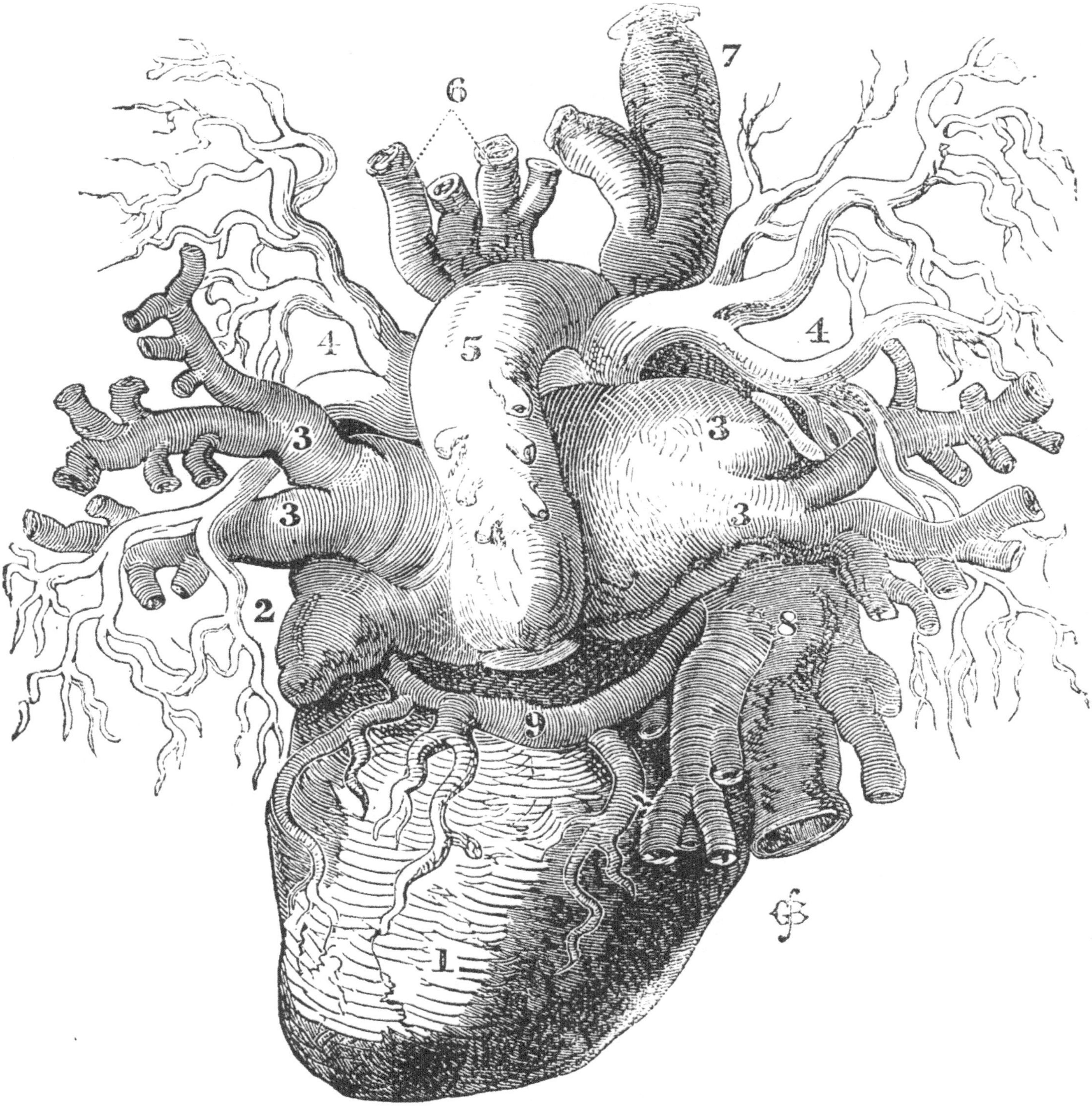
6
7
4
5
4
3
3
3
3
2
8
9
1

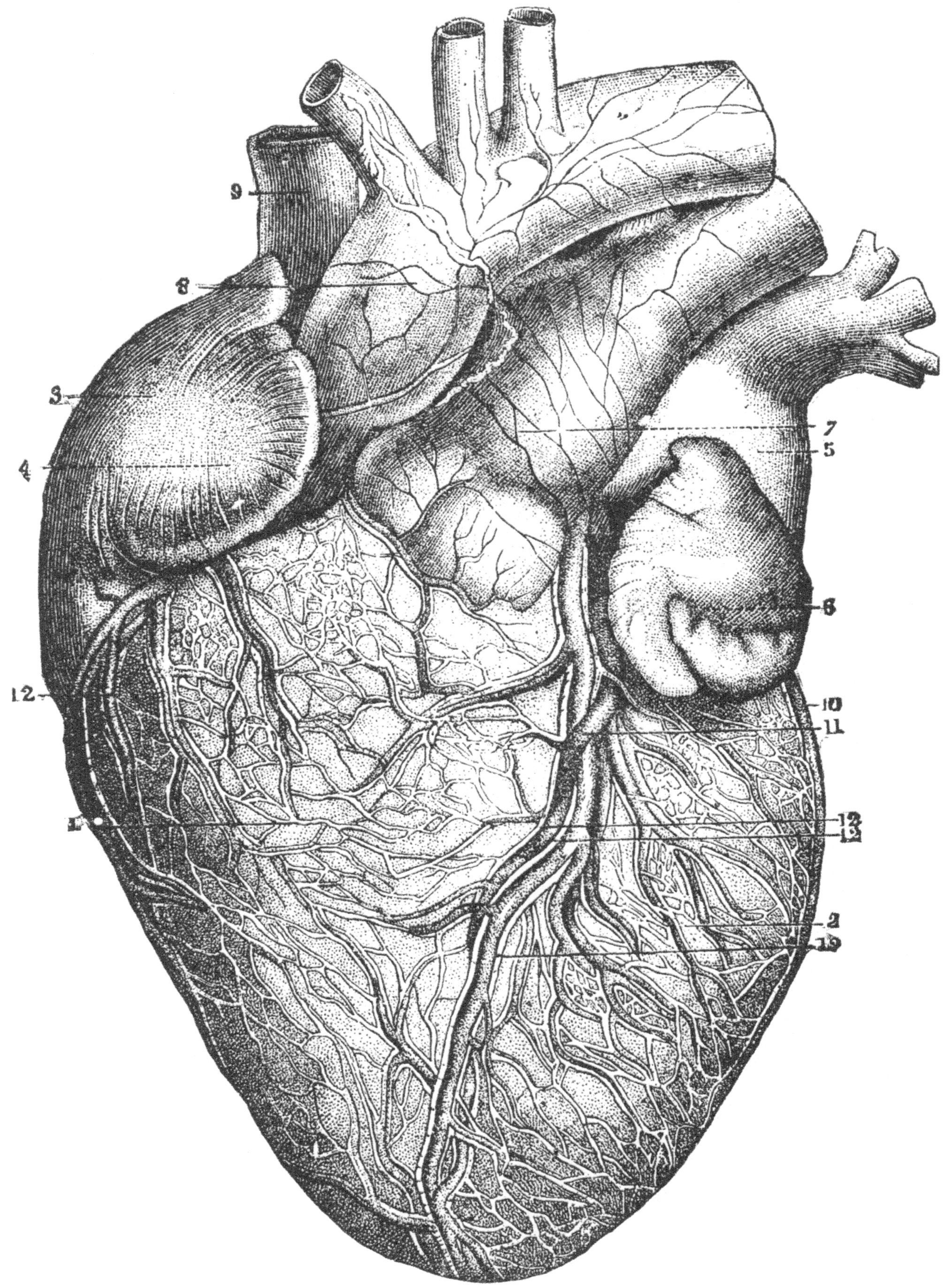

9
8
3
4
7
5
6
12
10
11
2

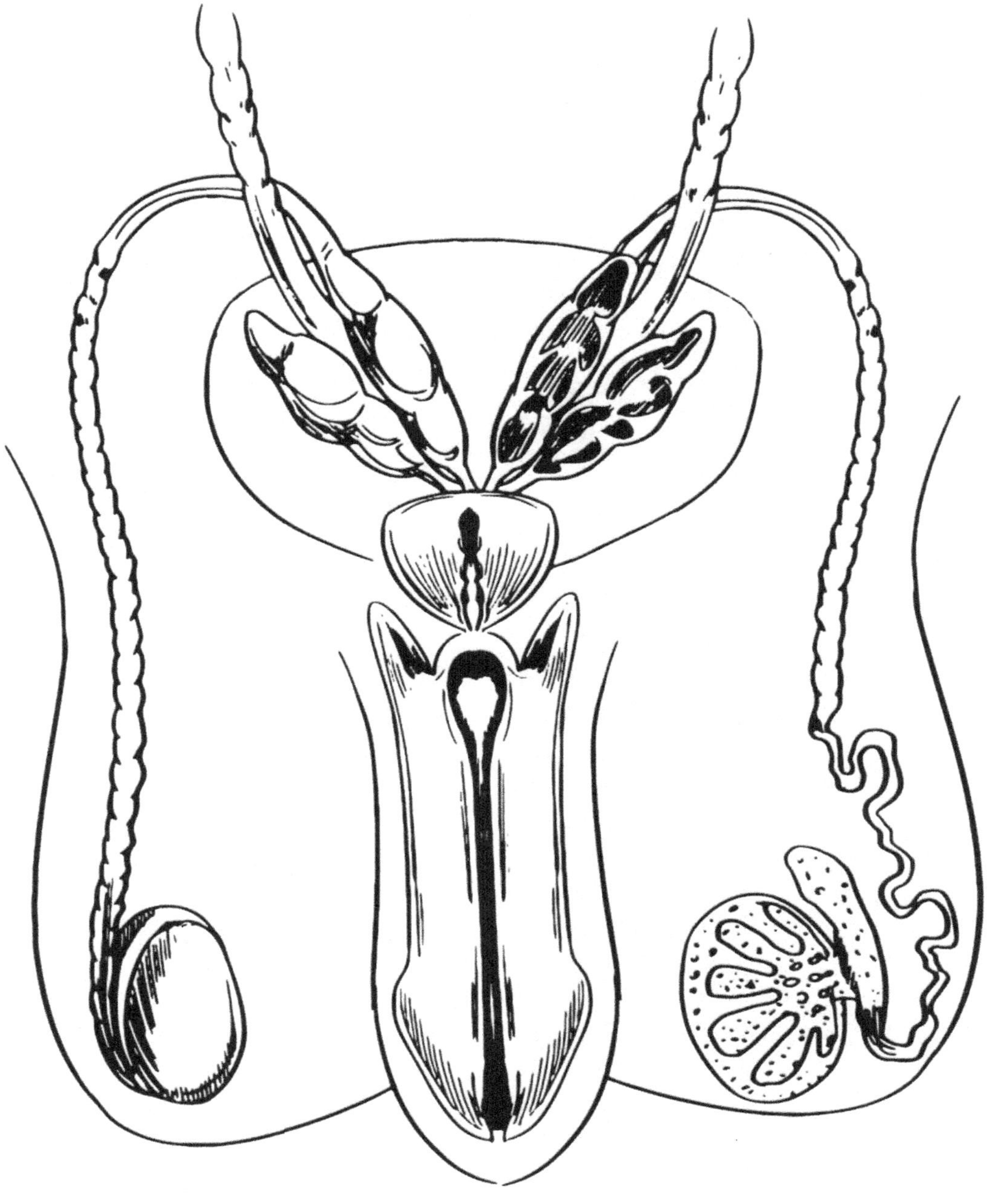

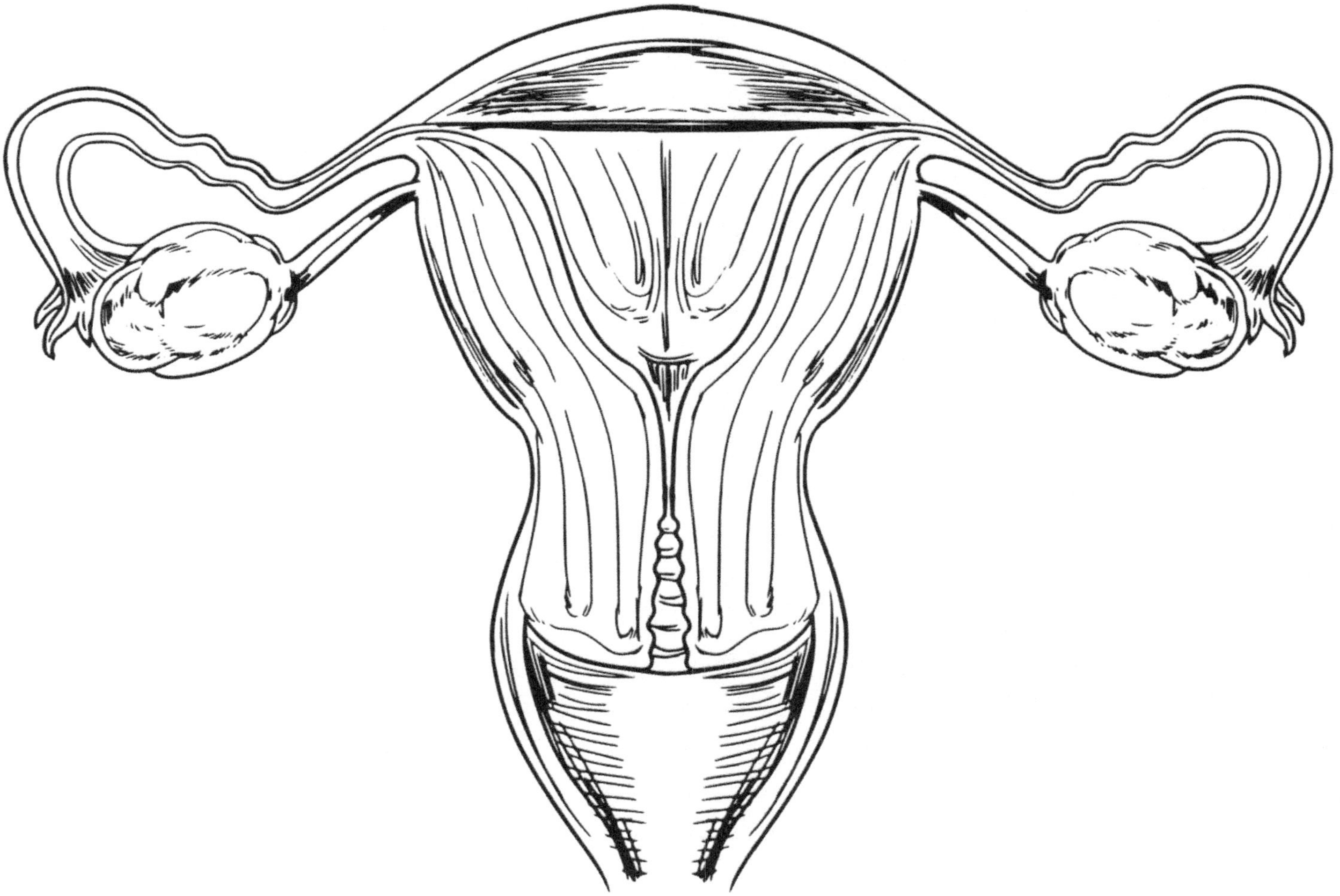

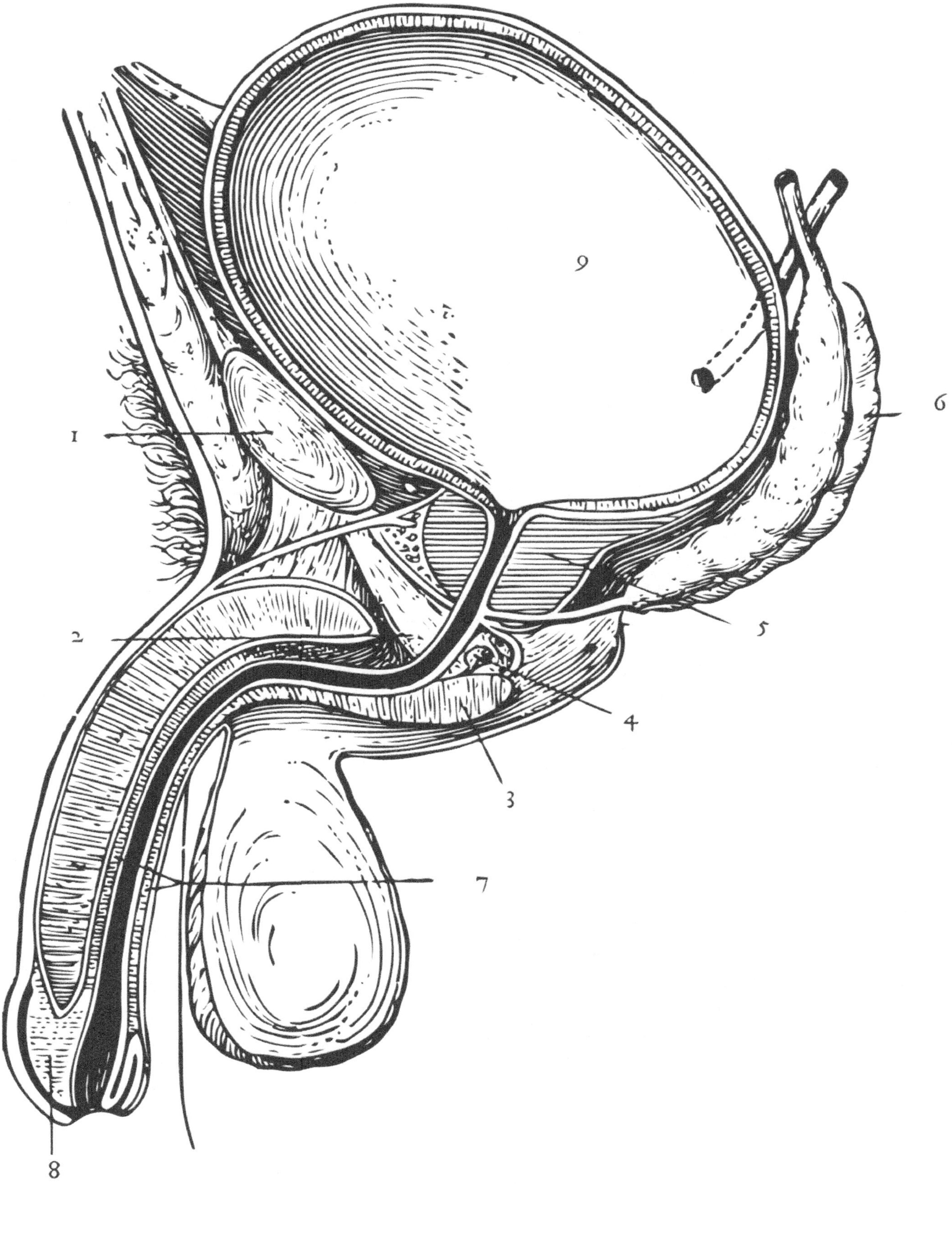
9
1
6
2
5
4
3
7
8

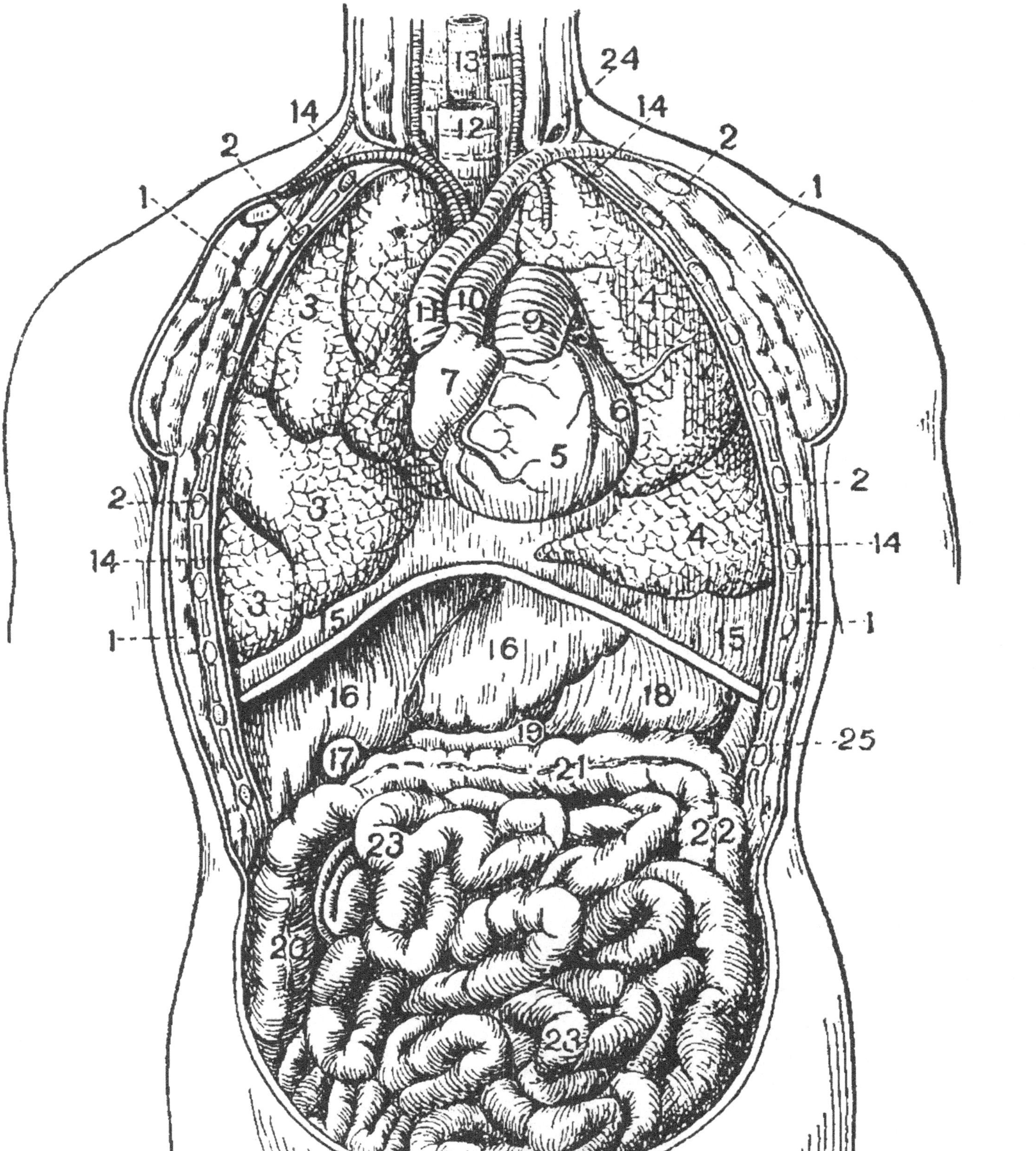

13
24
14
12
14
2
2
1
1
3
11
10
9
4
7
6
5
2
3
4
14
2
14
3
5
1
1
16
15
16
18
19
25
17
21
22
23
20
23

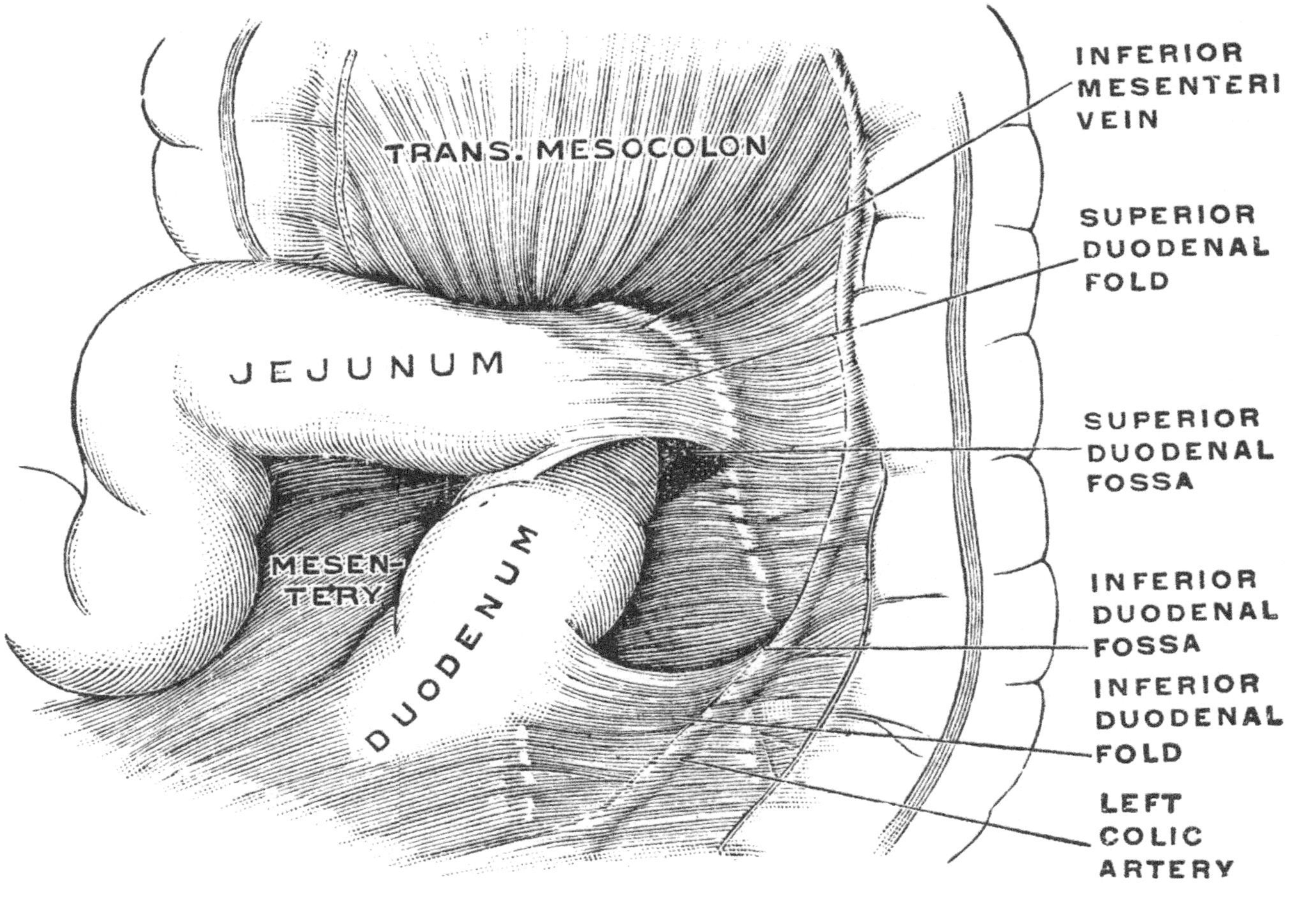
TRANS. MESOCOLON
JEJUNUM
MESEN-
TERY
DUODENUM
INFERIOR
MESENTERI
VEIN
SUPERIOR
DUODENAL
FOLD
SUPERIOR
DUODENAL
FOSSA
INFERIOR
DUODENAL
FOSSA
INFERIOR
DUODENAL
FOLD
LEFT
COLIC
ARTERY

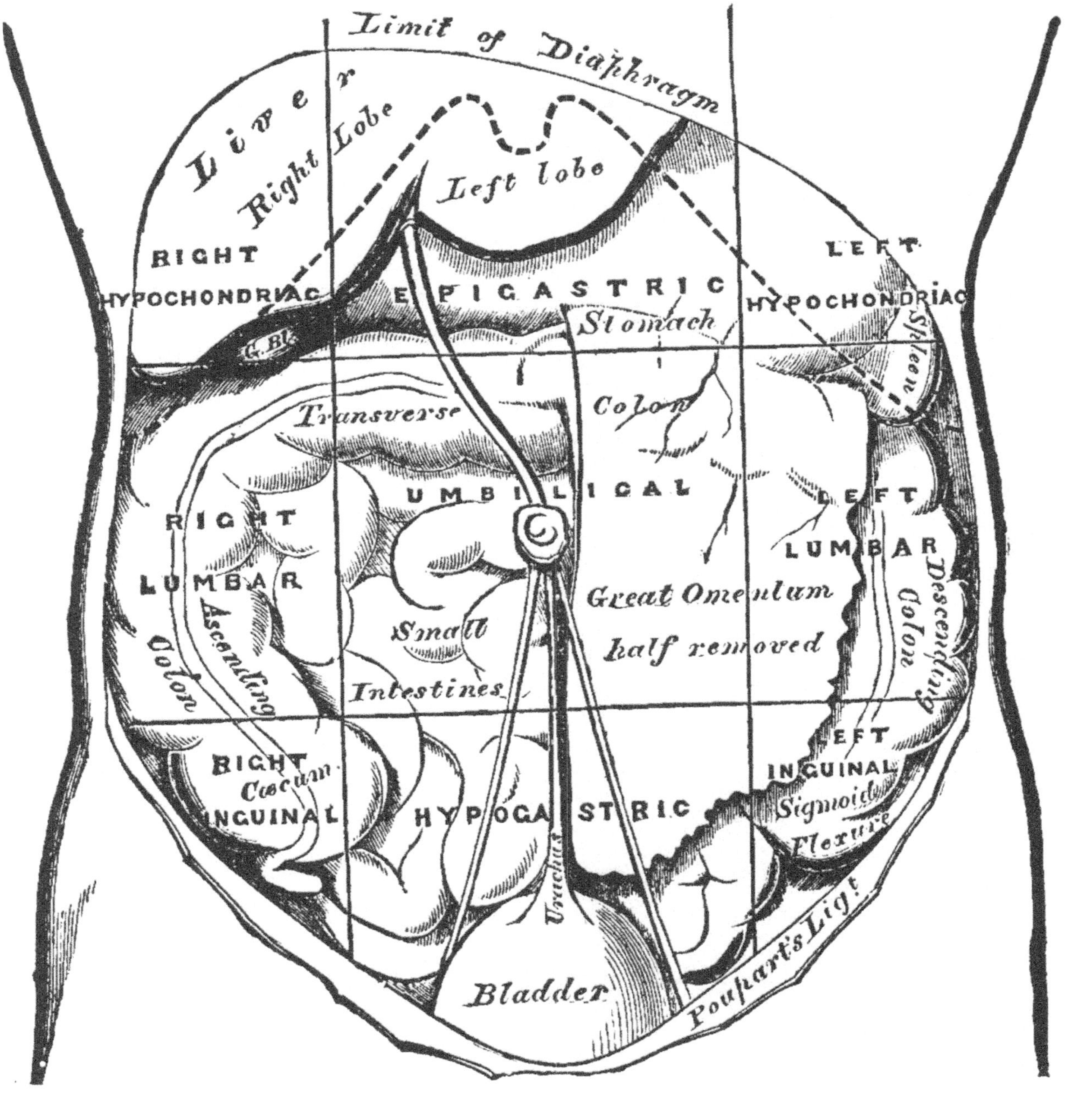
Limit of Diaphragm
Liver
Right Lobe
Left lobe
RIGHT
HYPOCHONDRIAC
EPIGASTRIC
LEFT
HYPOCHONDRIAC
G. Bl.
Stomach
Spleen
Transverse
Colon
UMBILICAL
RIGHT
LUMBAR
LEFT
LUMBAR
Great Omentum
half removed
Small
Intestines
Ascending
Colon
Descending
Colon
RIGHT
Cæcum
INGUINAL
HYPOGASTRIC
LEFT
INGUINAL
Sigmoid
Flexure
Urachus
Bladder
Poupart's Ligt

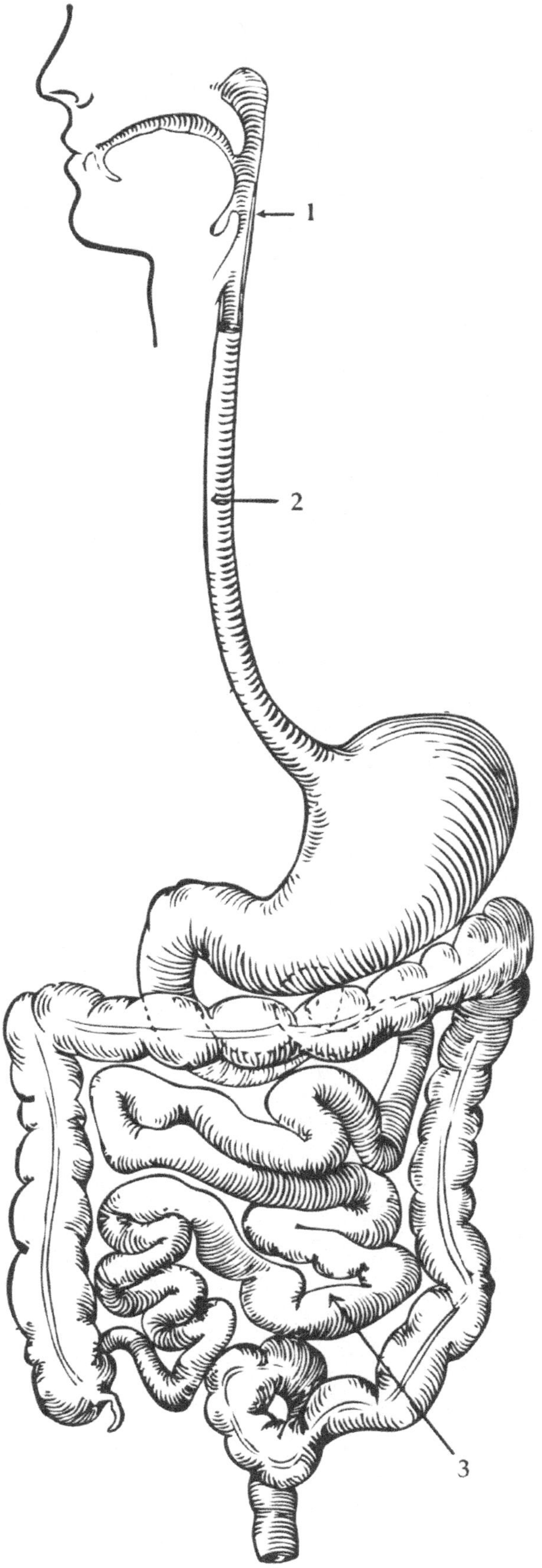
1
2
3

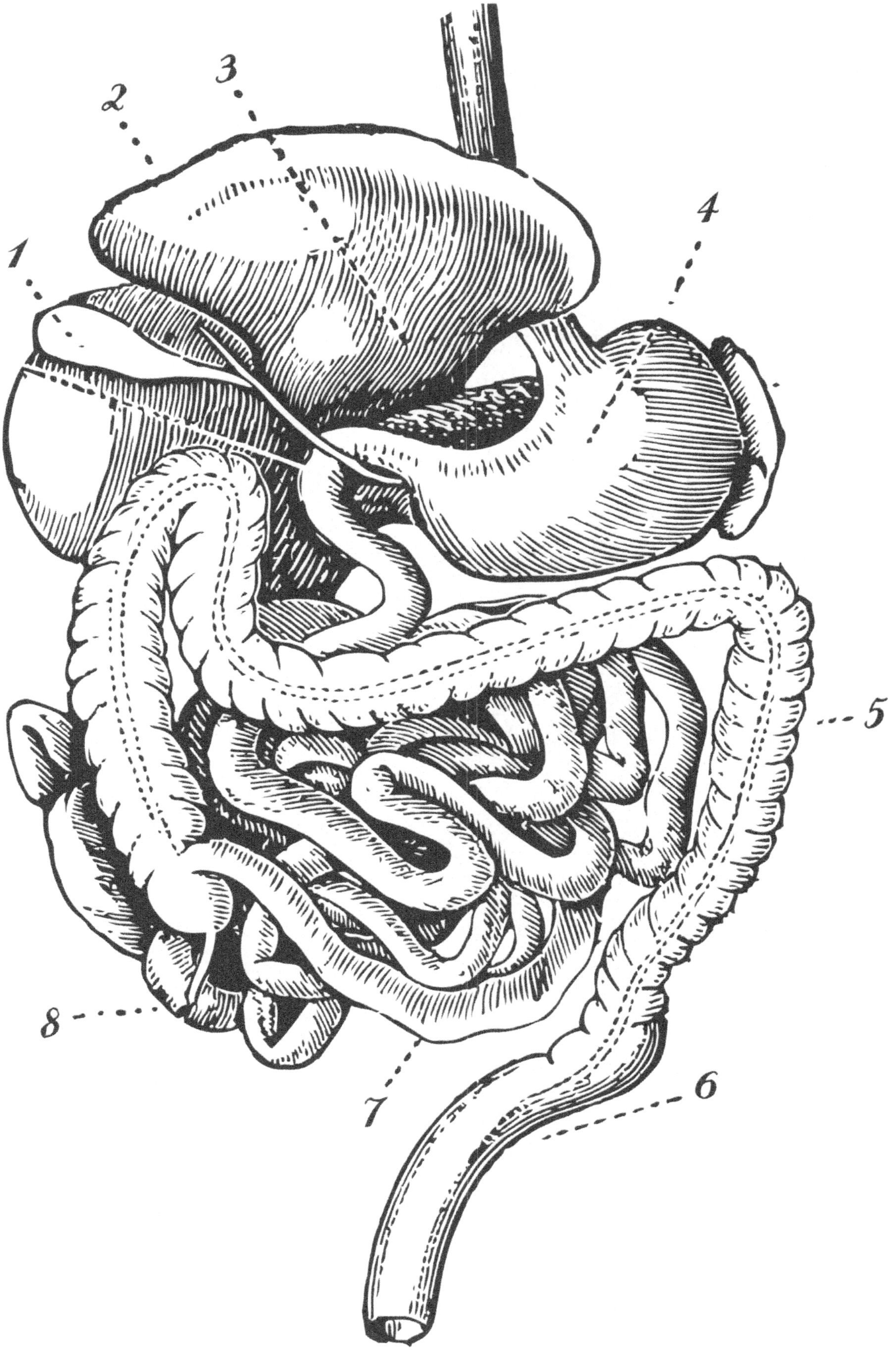
1
2
3
4
5
6
7
8

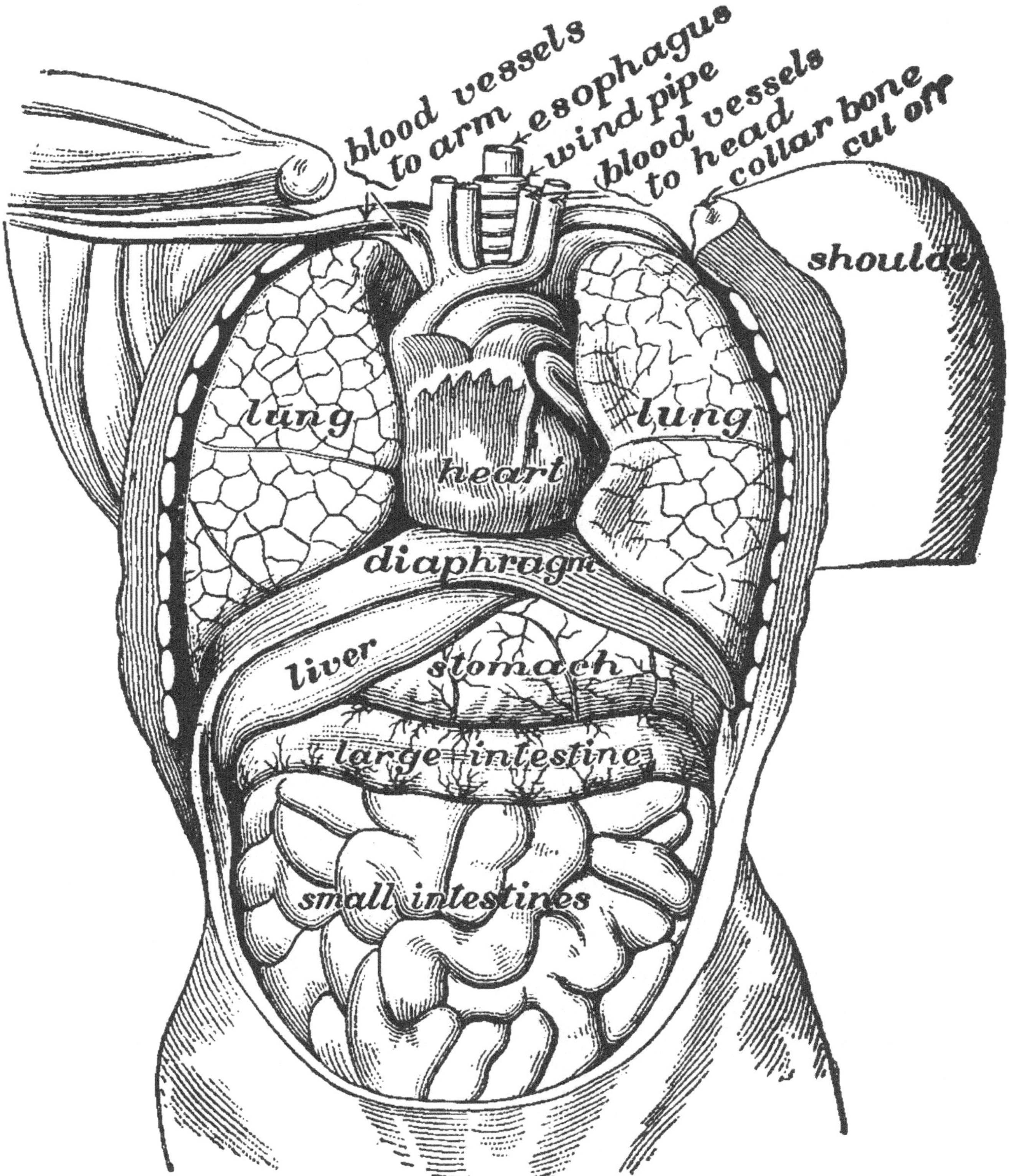
blood vessels
to arm
esophagus
wind pipe
blood vessels
to head
collar bone
cut off
shoulder
lung
lung
heart
diaphragm
liver
stomach
large intestine
small intestines

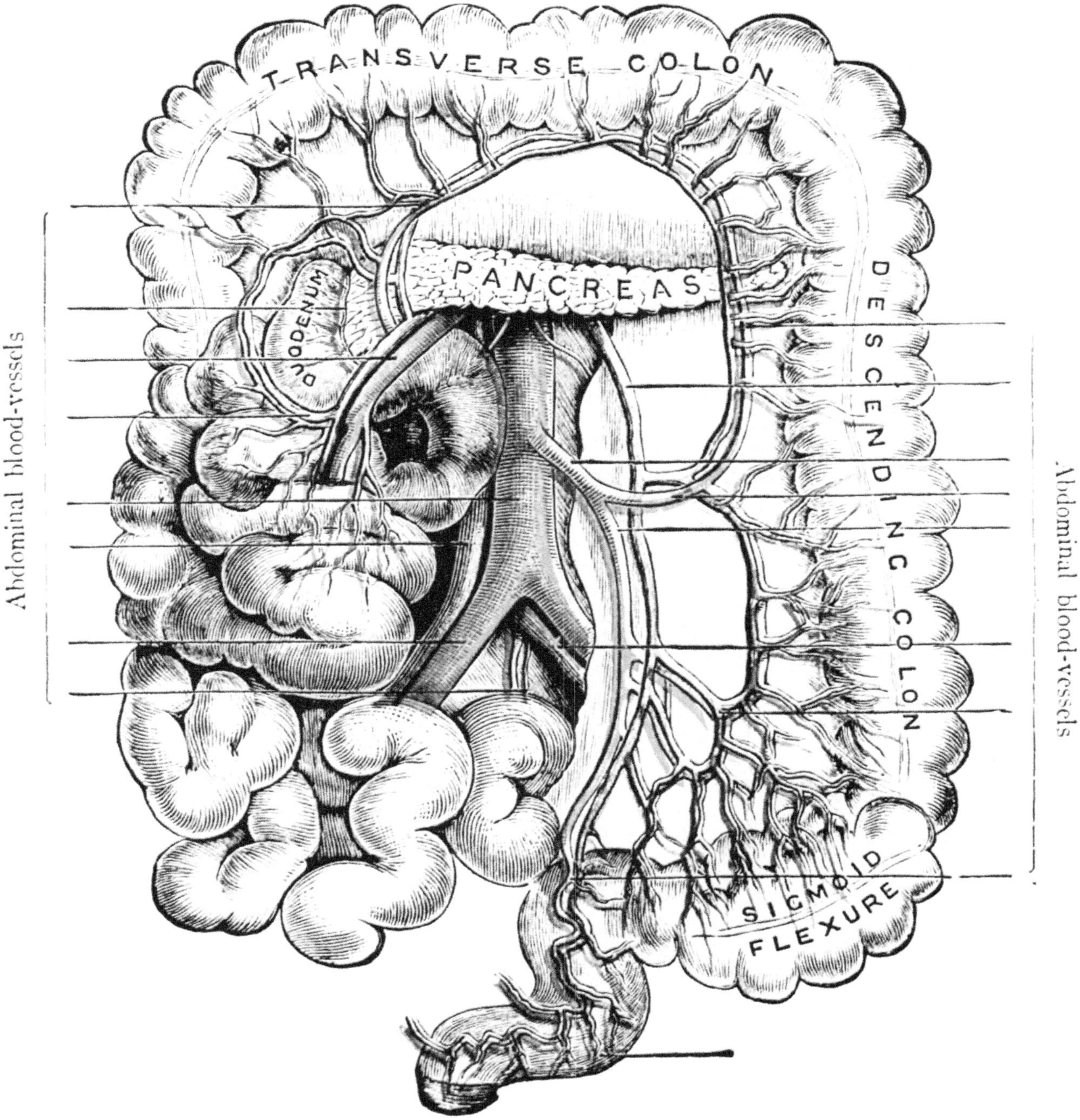

TRANSVERSE COLON
PANCREAS
DUODENUM
DESCENDING COLON
SIGMOID FLEXURE
Abdominal blood-vessels
Abdominal blood-vessels

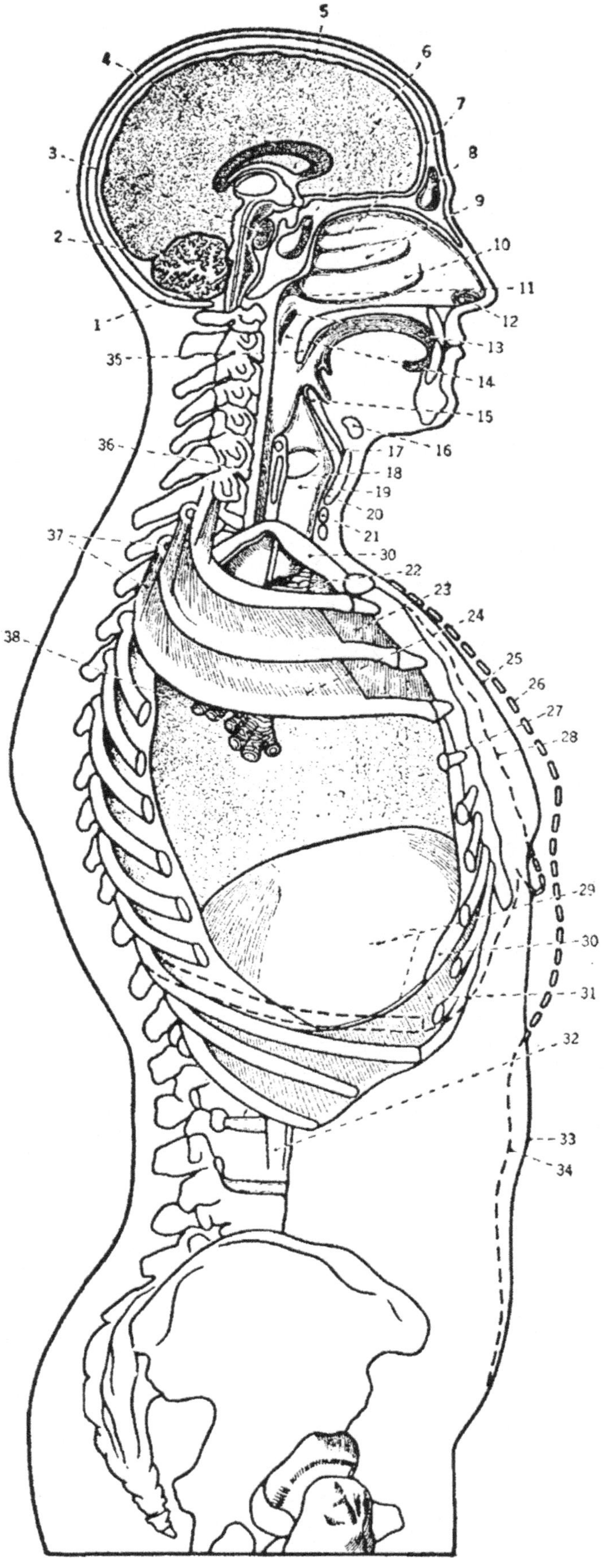

1
2
3
4
5
6
7
8
9
10
11
12
13
14
15
16
17
18
19
20
21
22
23
24
25
26
27
28
29
30
31
32
33
34
35
36
37
38

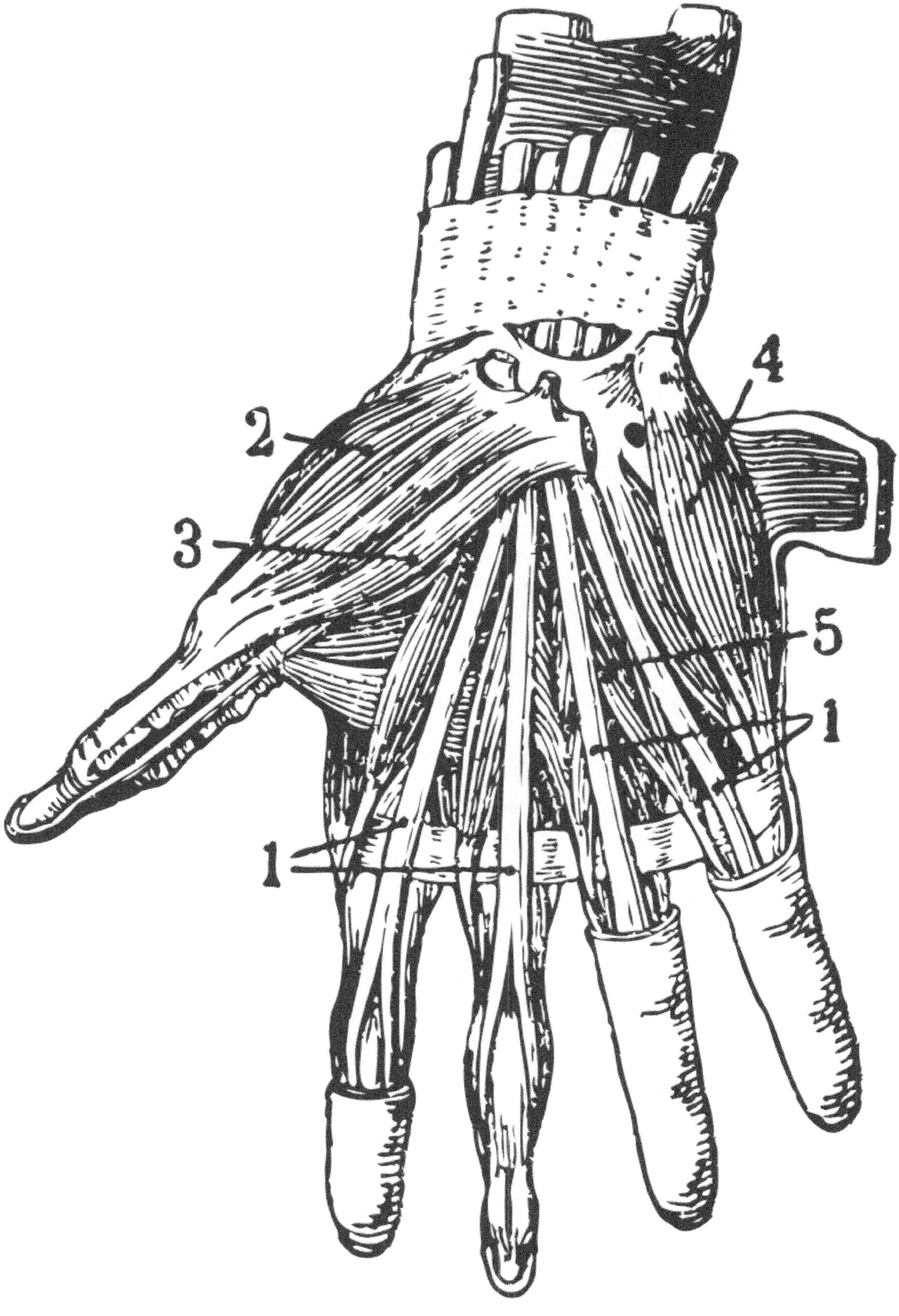

2
3
4
5
1
1

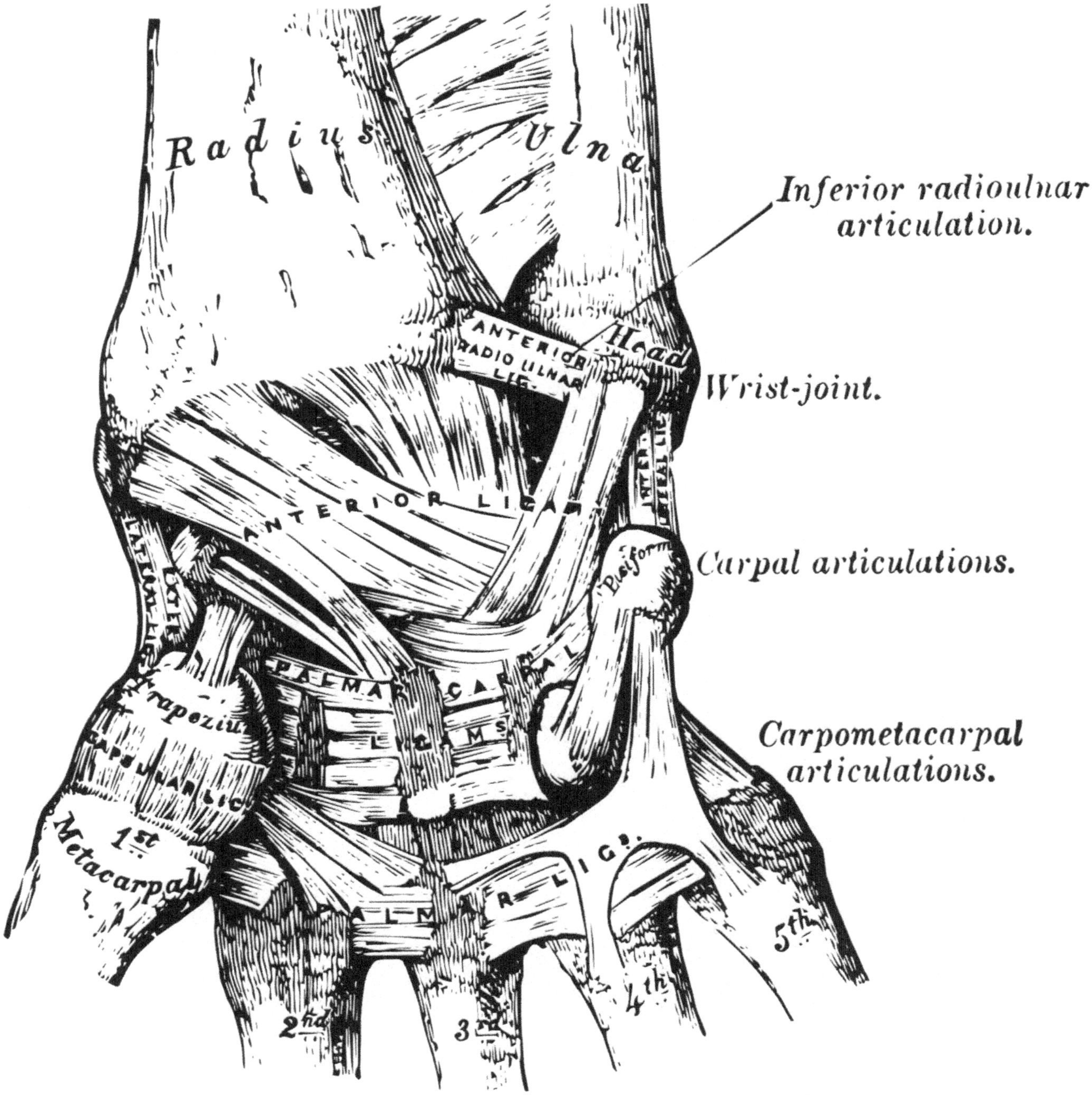
Radius
Ulna
Inferior radioulnar articulation.
Head
ANTERIOR RADIO ULNAR LIG.
Wrist-joint.
ANTERIOR LIGAM.
Carpal articulations.
Pisiform
PALMAR CARPAL LIGAMS
Trapezium
CAPSULAR LIG
Carpometacarpal articulations.
1st Metacarpal
PALMAR LIGS.
2nd
3rd
4th
5th

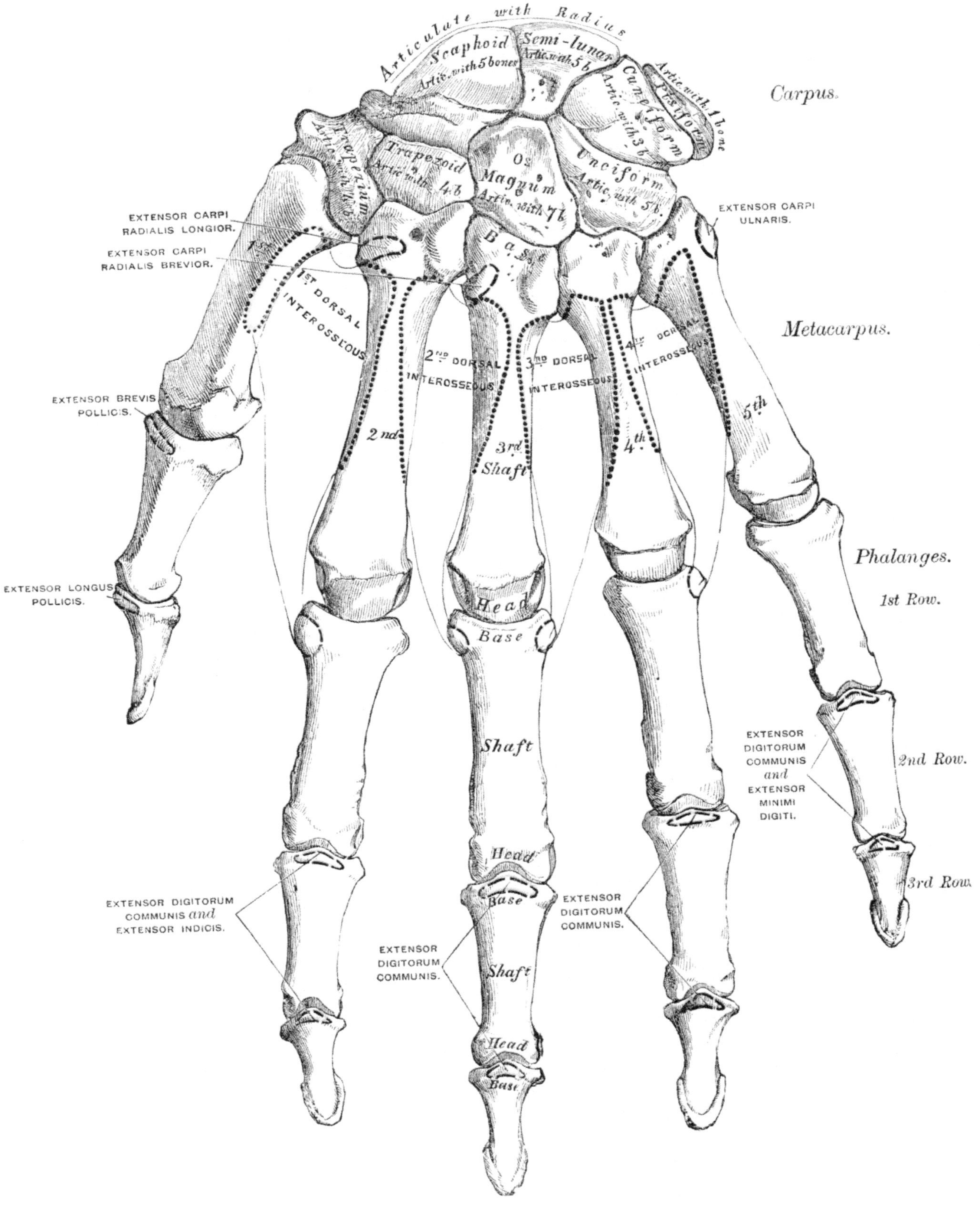
Articulate with Radius
Scaphoid
Artic. with 5 bones
Semi-lunar
Artic. with 5 b.
Cuneiform
Artic. with 3 b.
Artic. with 1 bone
Pisiform
Carpus.
Trapezium
Trapezoid
Artic. with 4 b.
Os Magnum
Artic. with 7 b.
Unciform
Artic. with 5 b.
EXTENSOR CARPI RADIALIS LONGIOR.
EXTENSOR CARPI RADIALIS BREVIOR.
EXTENSOR CARPI ULNARIS.
Base
1ST DORSAL INTEROSSEOUS
2ND DORSAL INTEROSSEOUS
3RD DORSAL INTEROSSEOUS
4TH DORSAL INTEROSSEOUS
Metacarpus.
EXTENSOR BREVIS POLLICIS.
2nd
3rd
Shaft
4th
5th
Phalanges.
1st Row.
EXTENSOR LONGUS POLLICIS.
Head
Base
Shaft
EXTENSOR DIGITORUM COMMUNIS and EXTENSOR MINIMI DIGITI.
2nd Row.
Head
Base
EXTENSOR DIGITORUM COMMUNIS and EXTENSOR INDICIS.
EXTENSOR DIGITORUM COMMUNIS.
EXTENSOR DIGITORUM COMMUNIS.
3rd Row.
Shaft
Head
Base

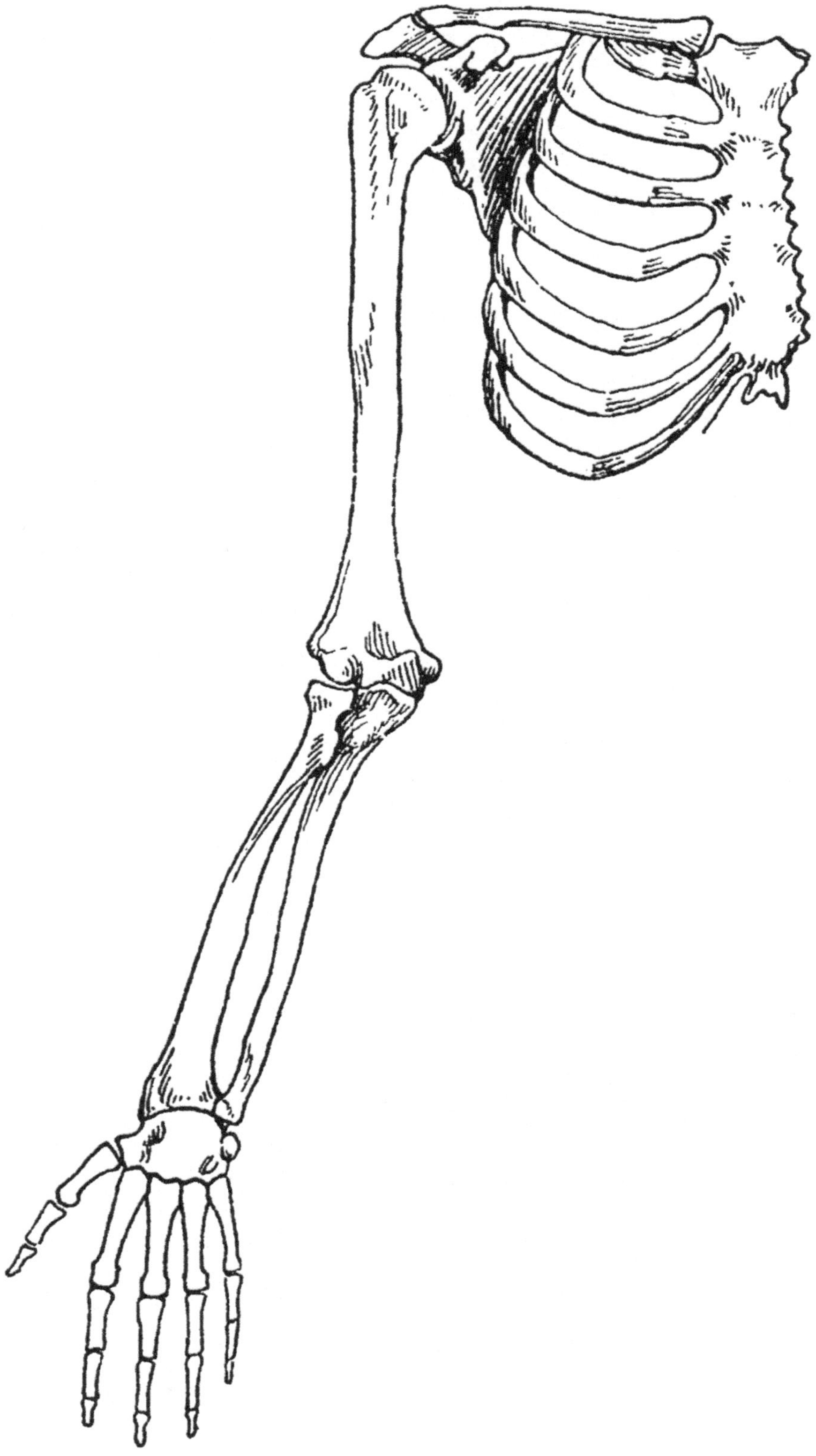

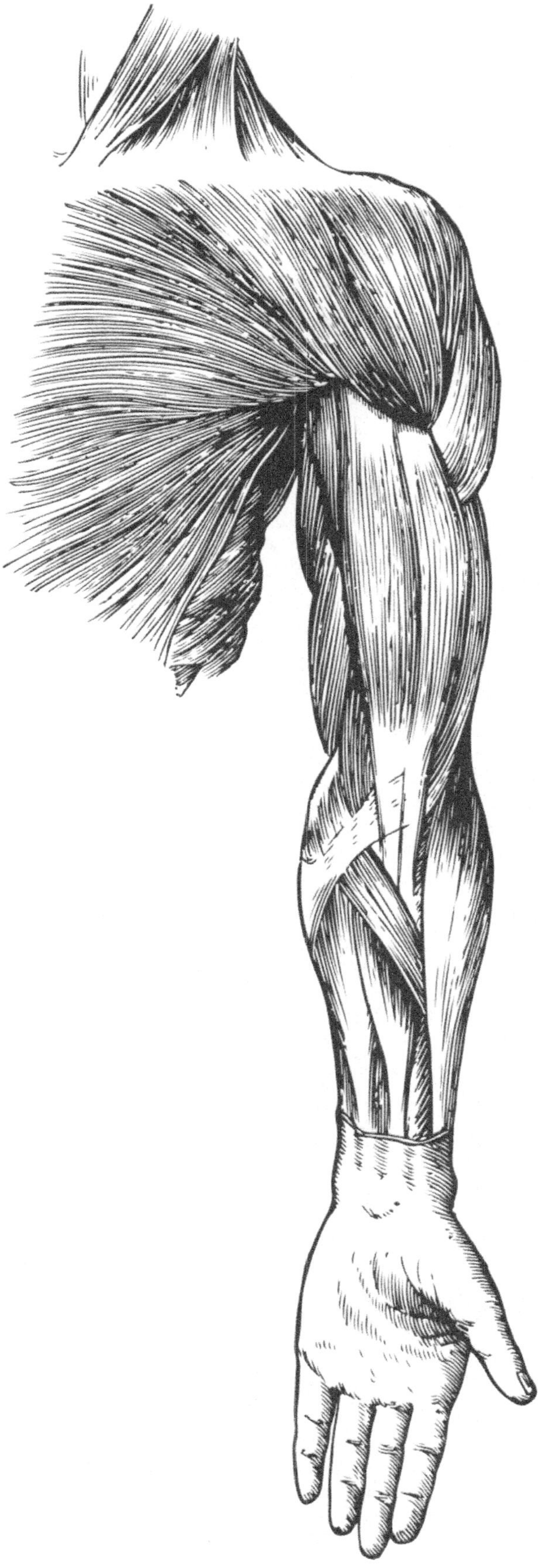

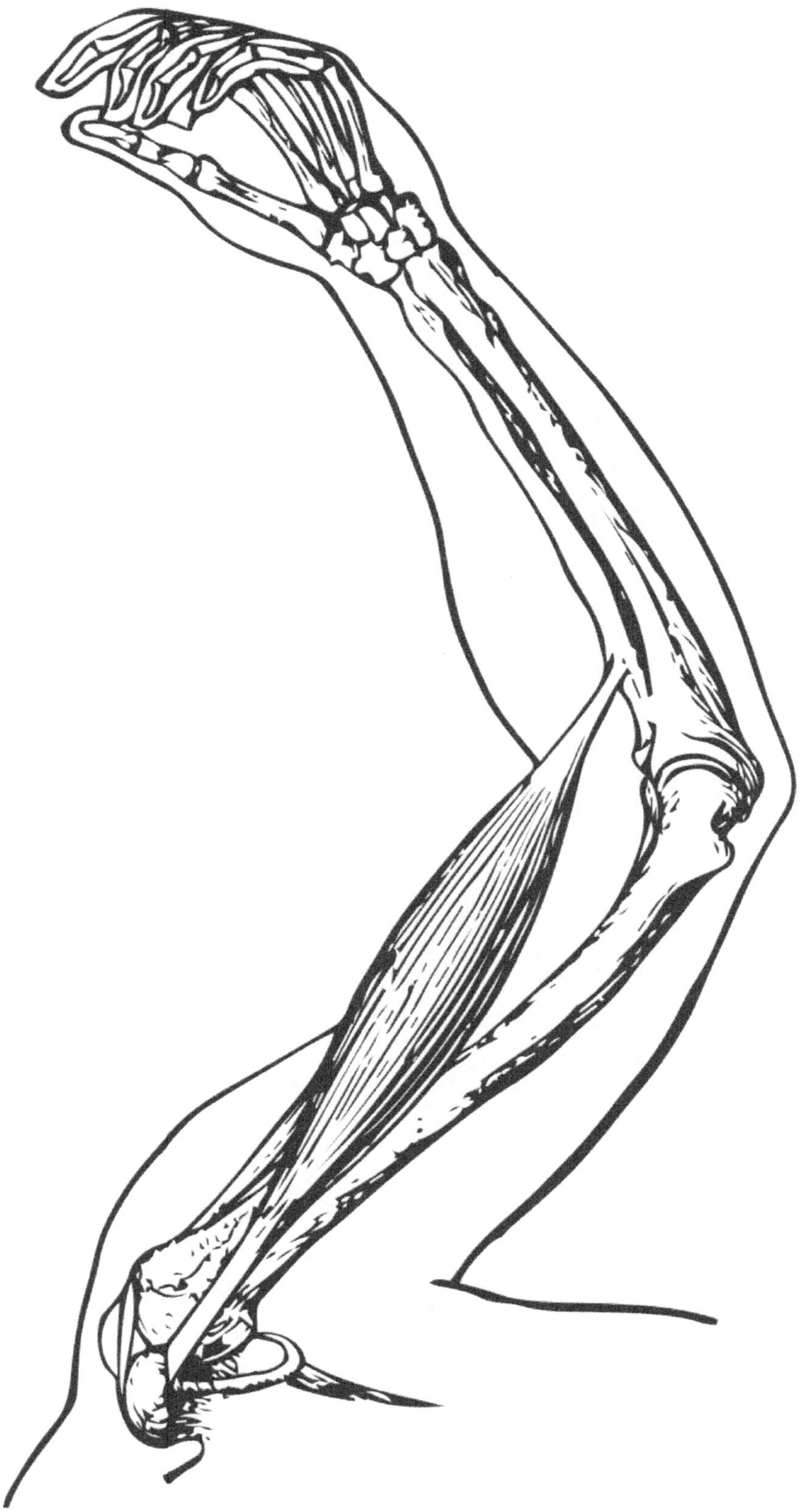

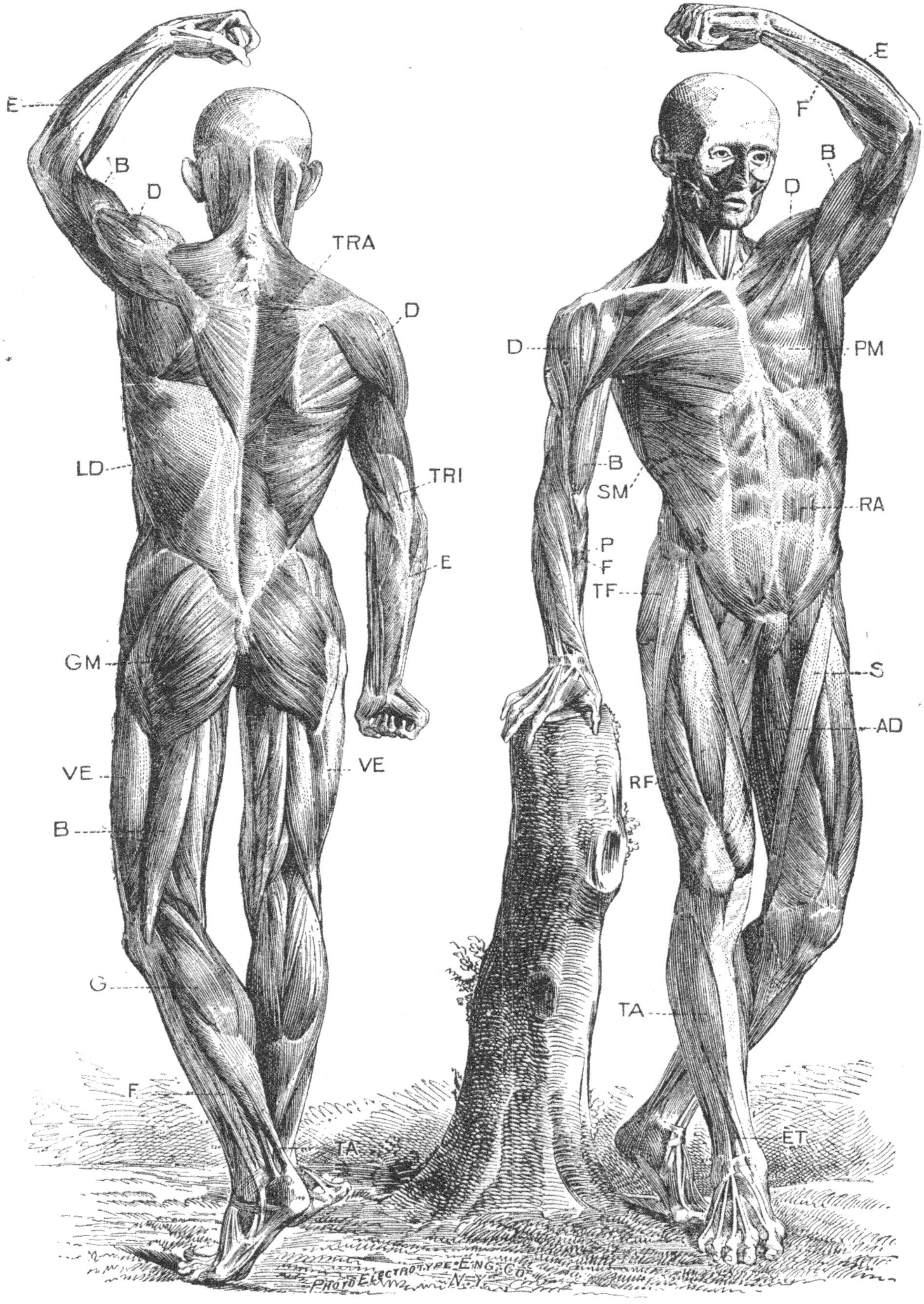
E
B
D
TRA
D
LD
TRI
E
GM
VE
VE
B
G
F
TA
E
F
B
D
D
PM
B
SM
RA
P
F
TF
S
AD
RF
TA
ET
PHOTO-ELECTROTYPE-ENG-CO.
N-Y.

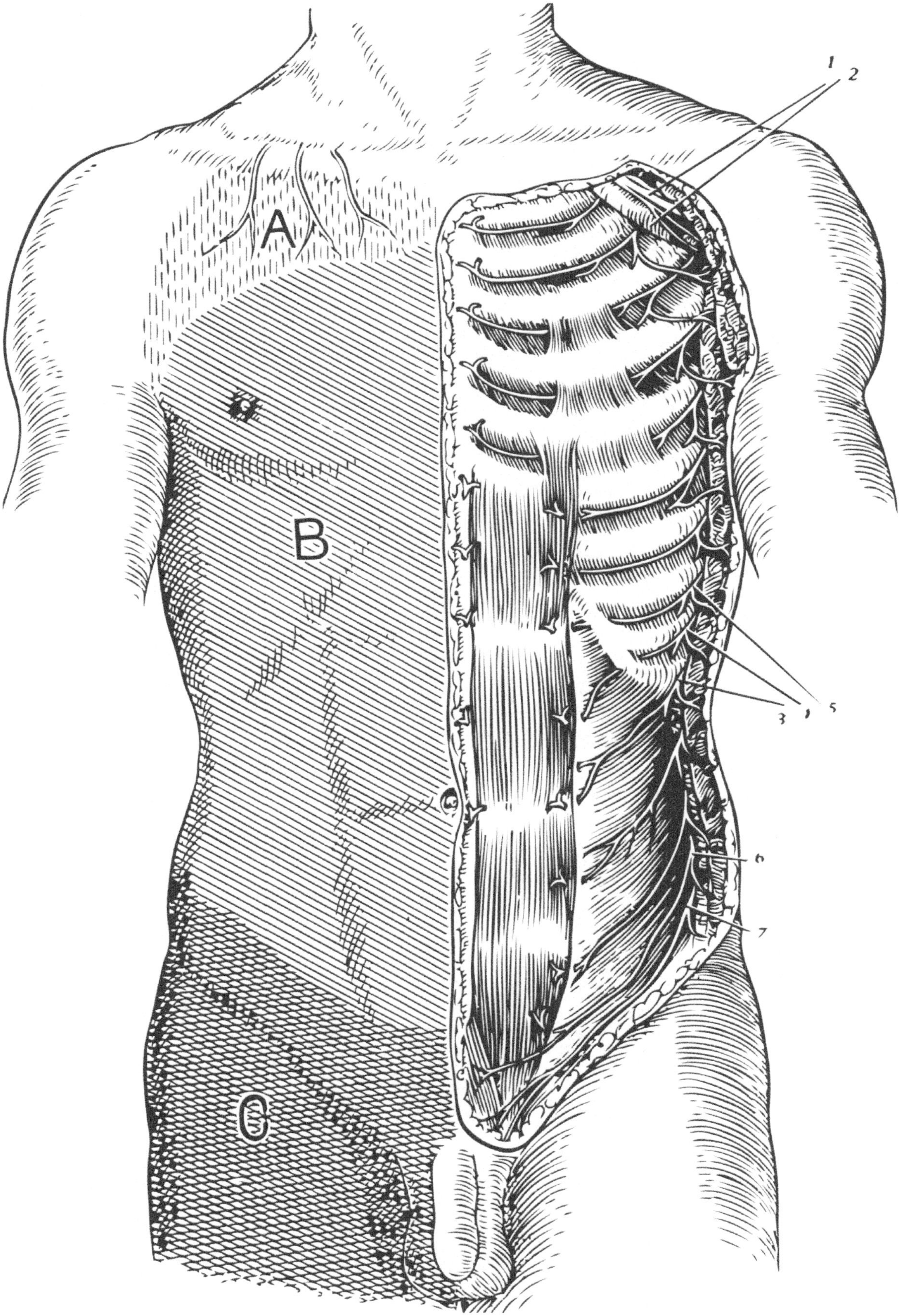

1
2
A
B
3
4
5
6
7
C

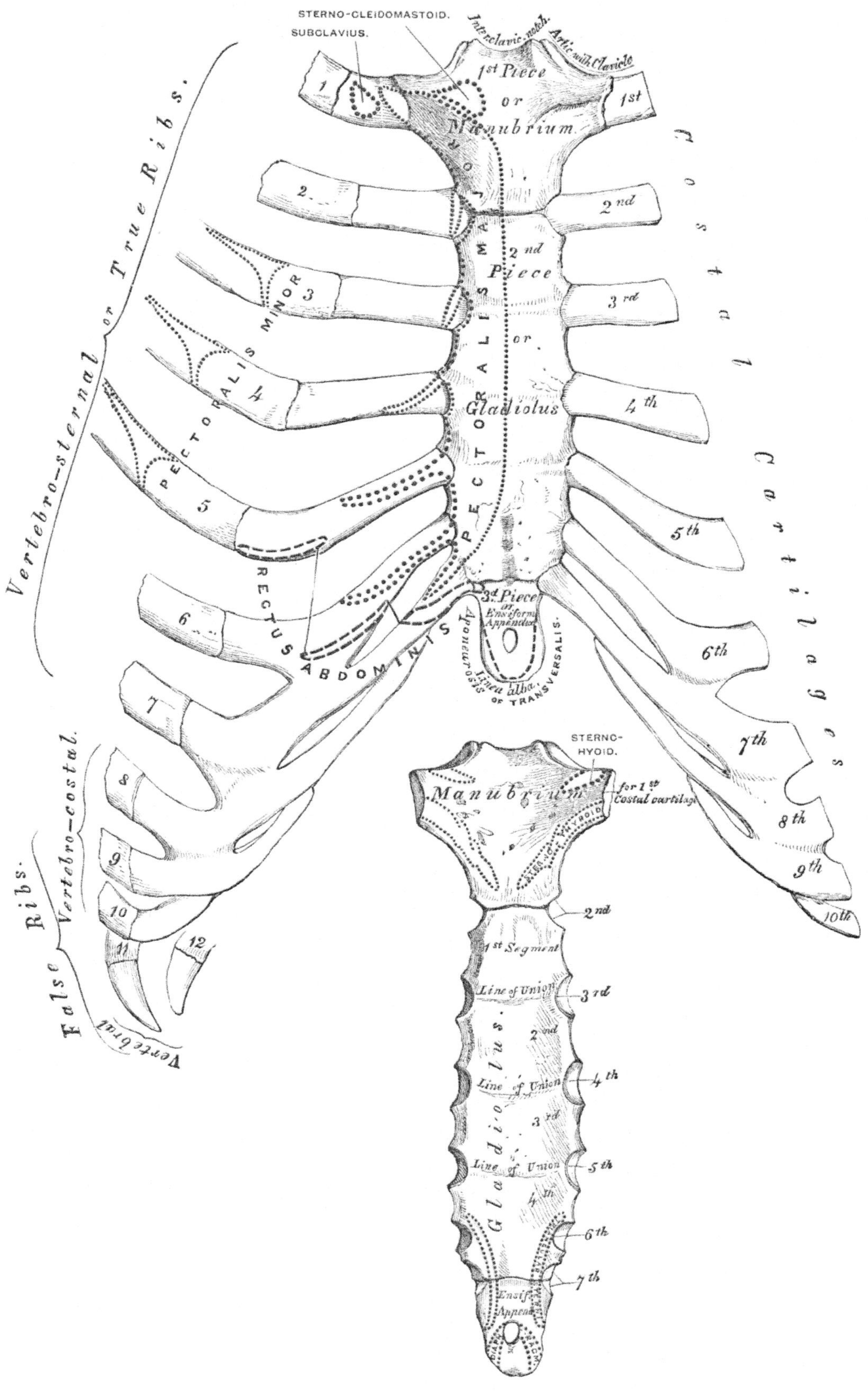
STERNO-CLEIDOMASTOID.
SUBCLAVIUS.
Interclavic notch.
Artic with Clavicle
1st Piece or Manubrium.
1
1st
2.
2nd
2nd Piece or Gladiolus
3
3rd
4
4th
5
5th
6
6th
7
7th
8
8th
9
9th
10
10th
11
12
PECTORALIS MAJOR
PECTORALIS MINOR
RECTUS ABDOMINIS
3d Piece or Ensiform Appendix
Aponeurosis of TRANSVERSALIS
linea alba
Vertebro-sternal or True Ribs.
Costal Cartilages
False Ribs.
Vertebro-costal.
Vertebral
STERNO-HYOID.
Manubrium
for 1st Costal cartilage
STERNO-THYROID
1st Segment
Line of Union
2nd
Line of Union
3rd
Line of Union
4th
Gladiolus.
6th
7th
Ensif. Append.

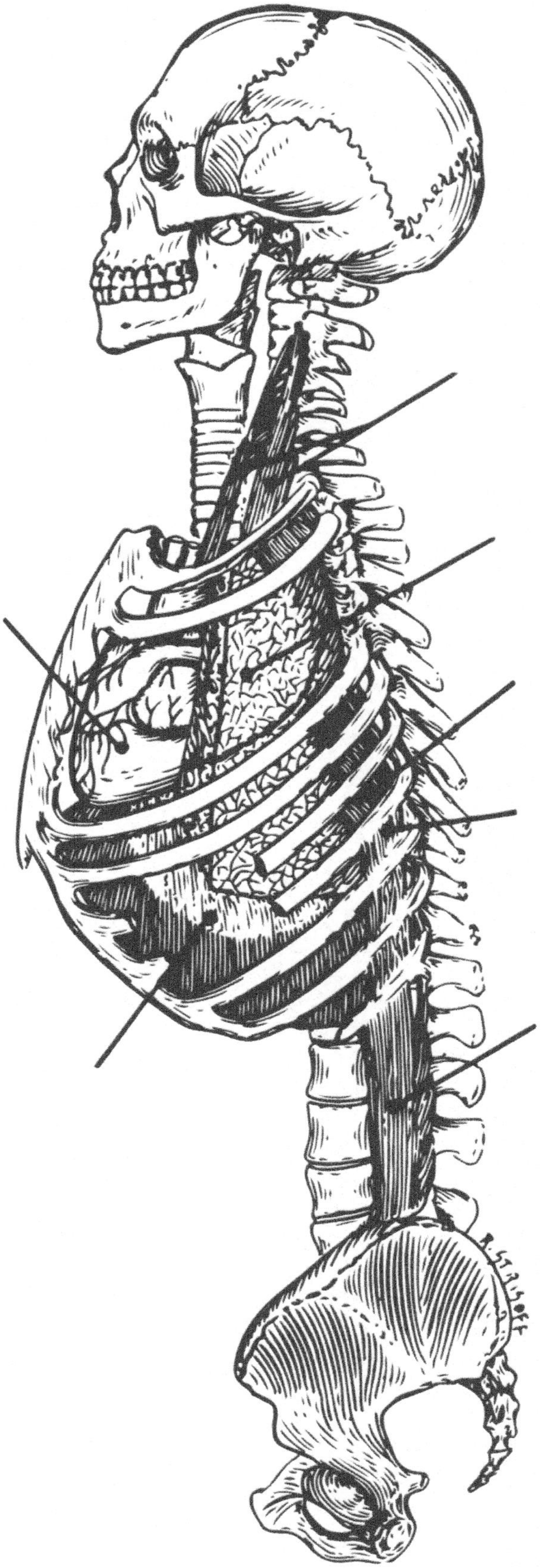

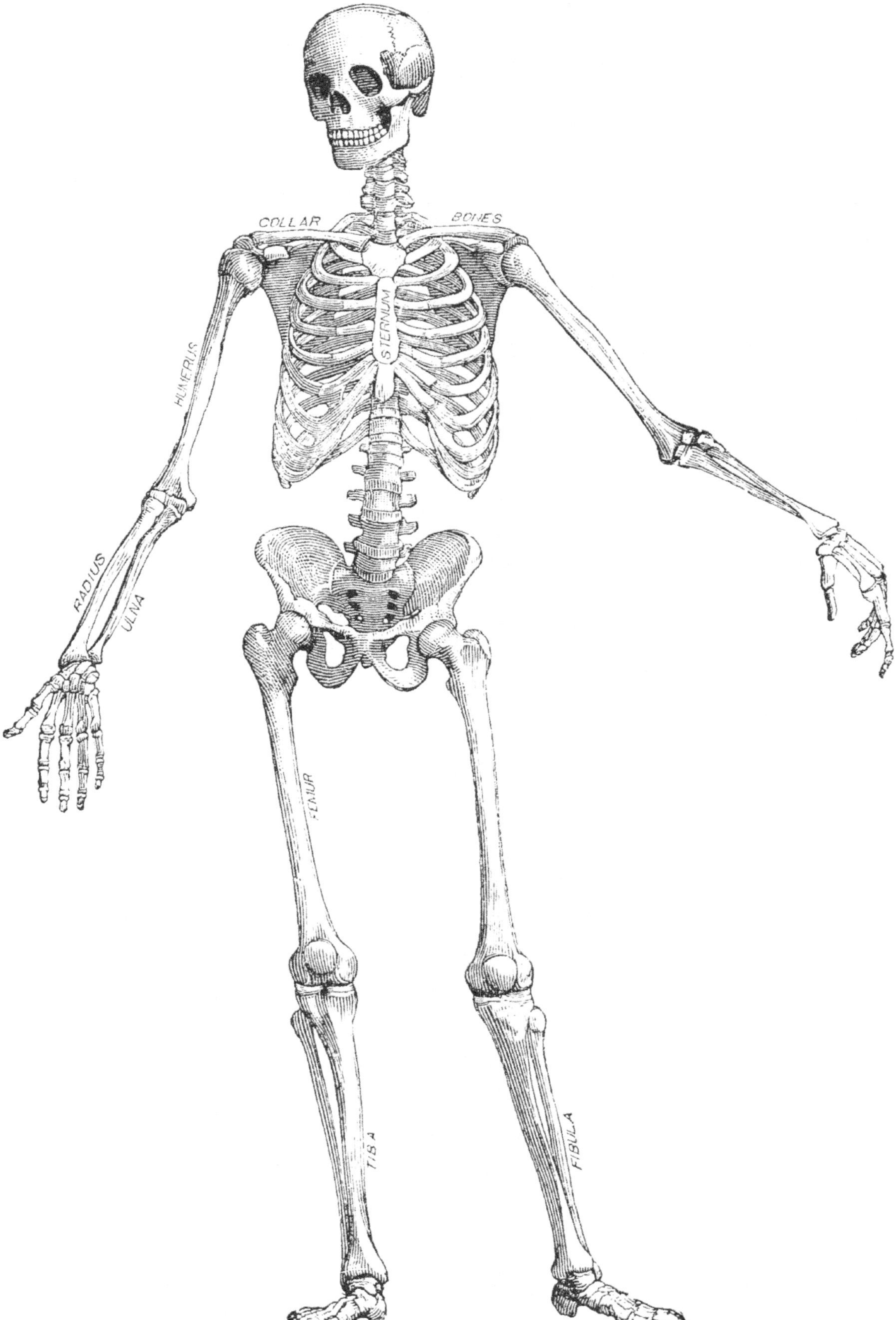
COLLAR
BONES
STERNUM
HUMERUS
RADIUS
ULNA
FEMUR
TIBA
FIBULA

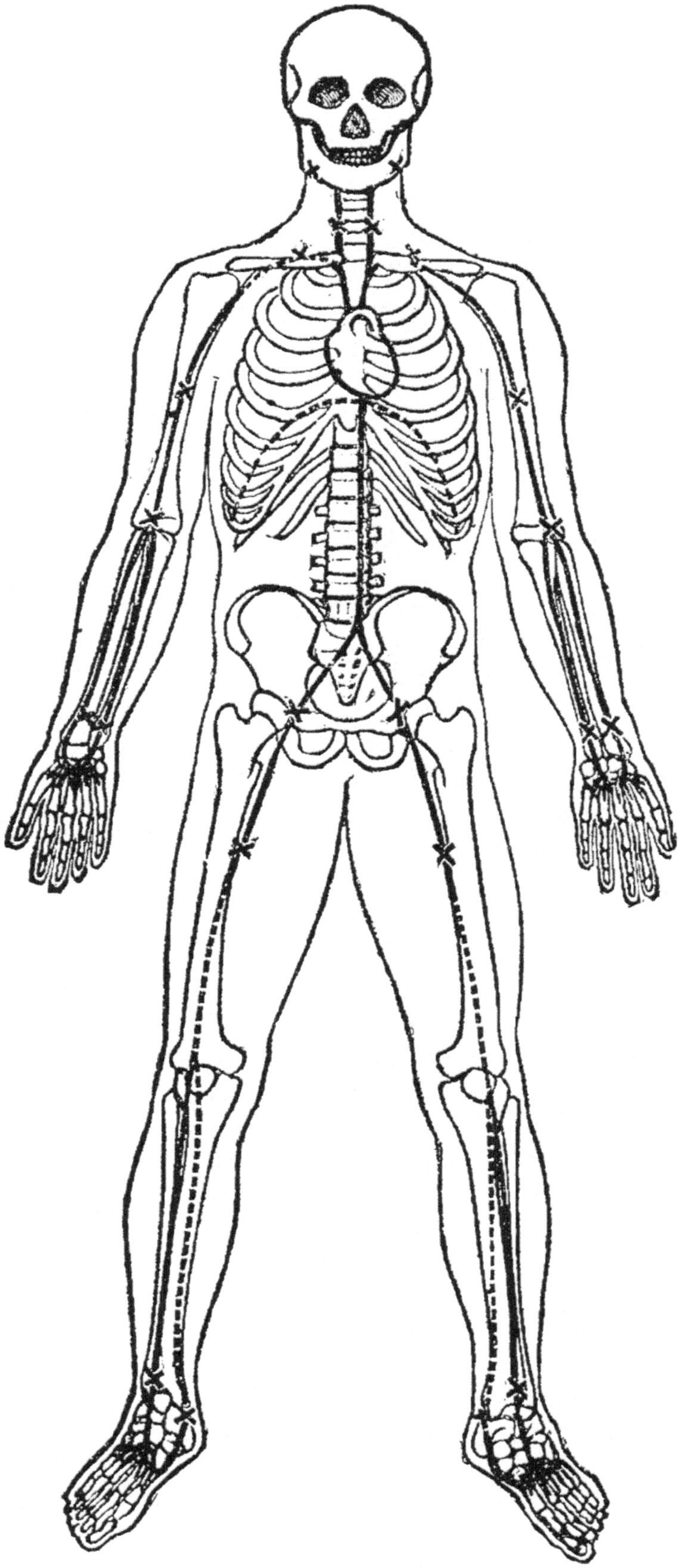

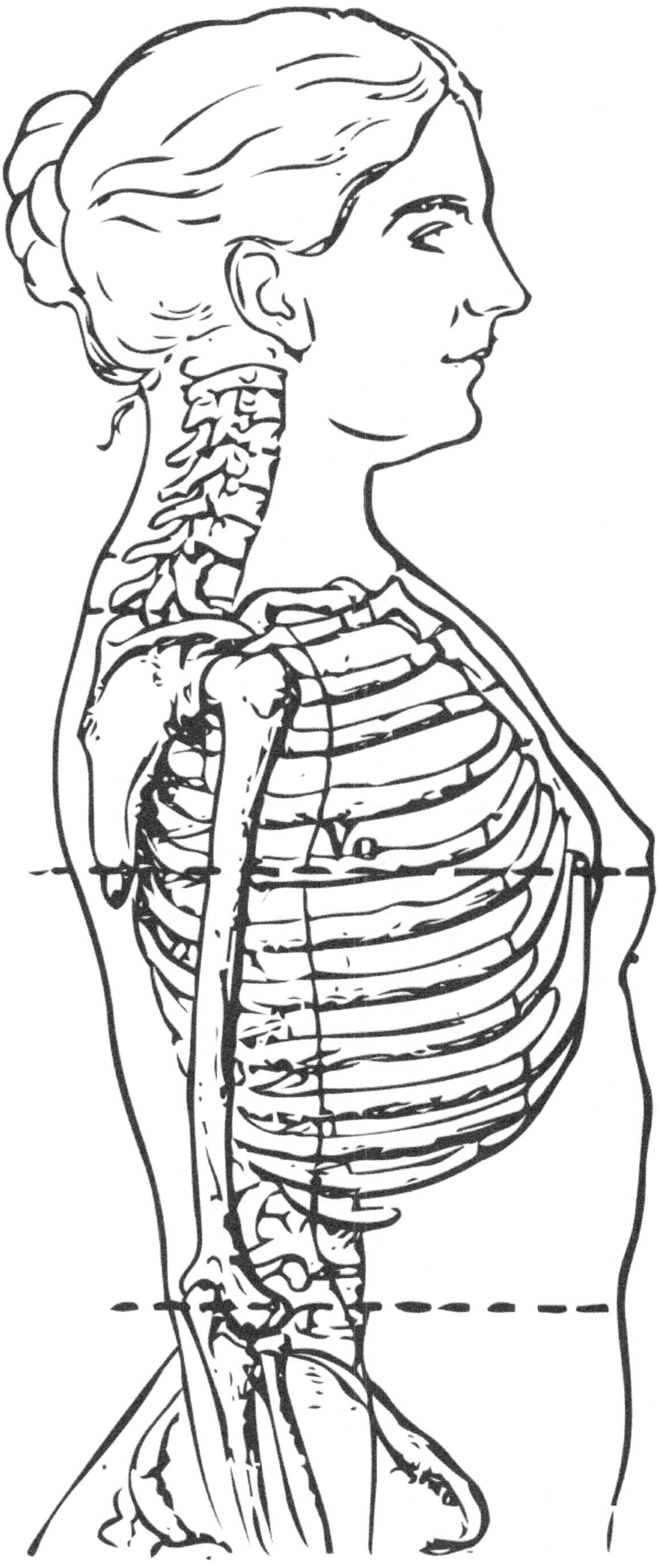

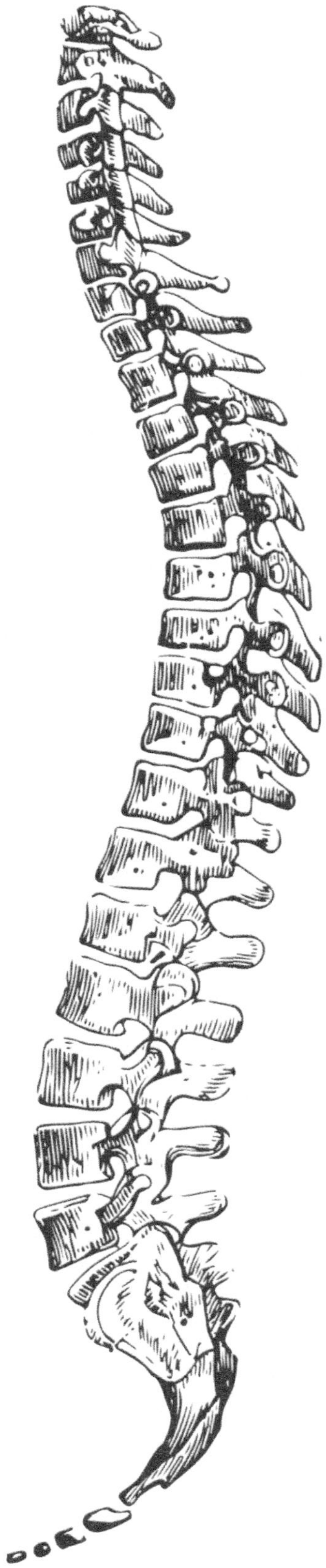
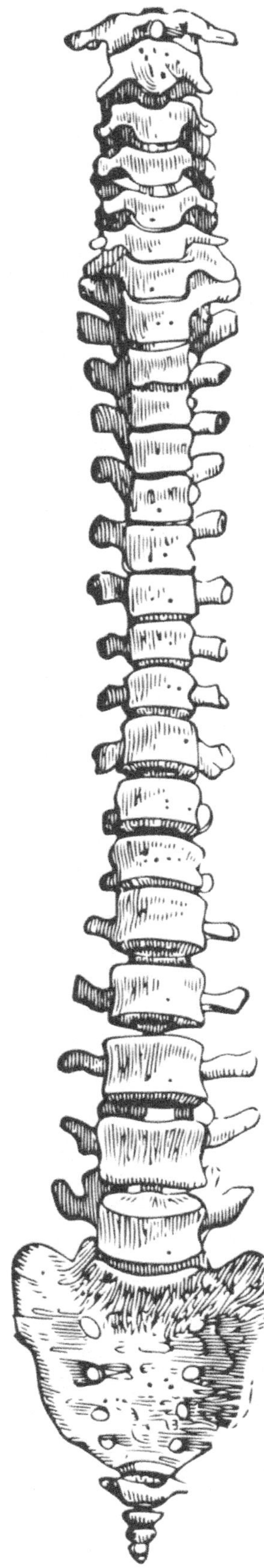

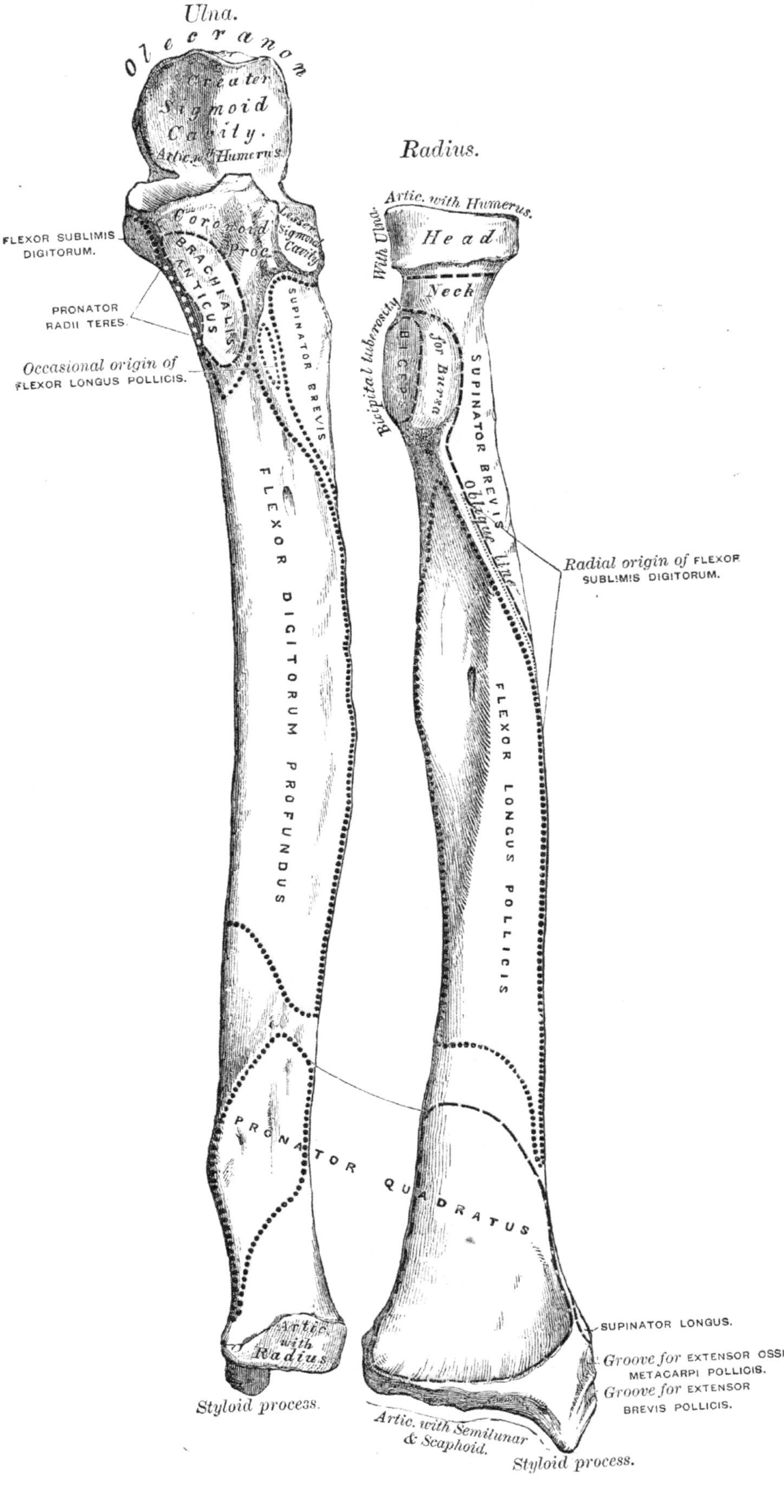

Ulna.
Olecranon
Greater Sigmoid Cavity.
Artic. with Humerus.
Coronoid Proc.
Lesser Sigmoid Cavity
FLEXOR SUBLIMIS DIGITORUM.
BRACHIALIS ANTICUS
PRONATOR RADII TERES.
Occasional origin of FLEXOR LONGUS POLLICIS.
SUPINATOR BREVIS
FLEXOR DIGITORUM PROFUNDUS
PRONATOR QUADRATUS
Artic. with Radius
Styloid process.
Radius.
Artic. with Humerus.
With Ulna.
Head
Neck
Bicipital tuberosity
BICEP
for Bursa
SUPINATOR BREVIS
Oblique line
Radial origin of FLEXOR SUBLIMIS DIGITORUM.
FLEXOR LONGUS POLLICIS
SUPINATOR LONGUS.
Groove for EXTENSOR OSSIS METACARPI POLLICIS.
Groove for EXTENSOR BREVIS POLLICIS.
Artic. with Semilunar & Scaphoid.
Styloid process.

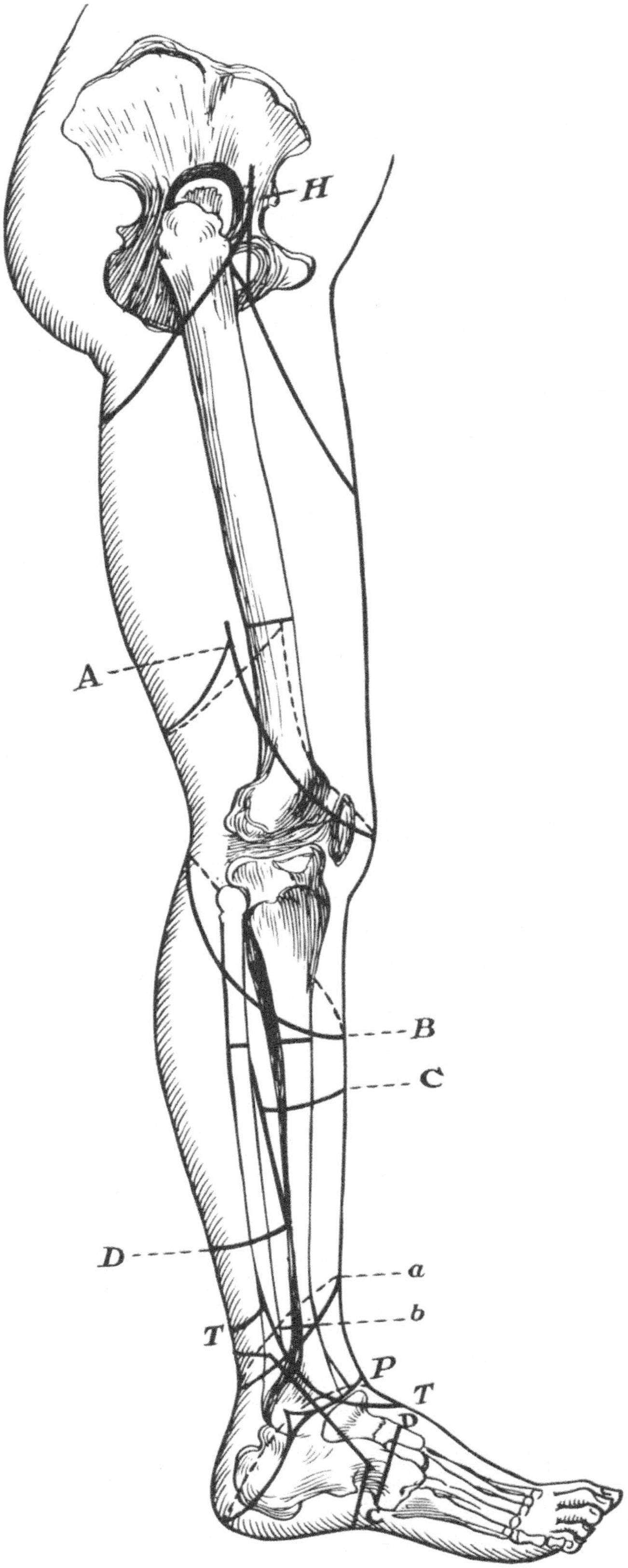

H
A
B
C
D
a
b
T
P
T
P

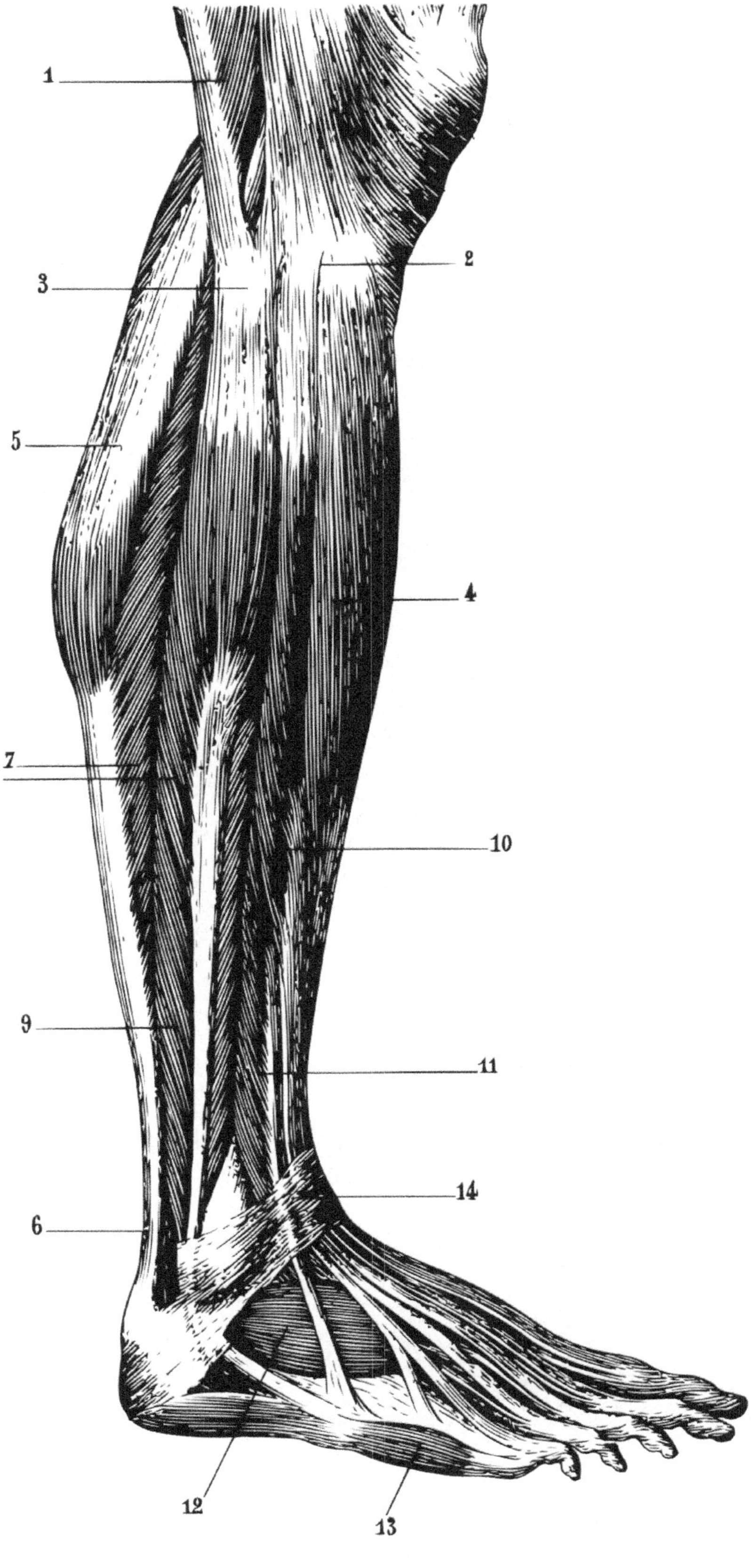
1
2
3
5
4
7
10
9
11
14
6
12
13

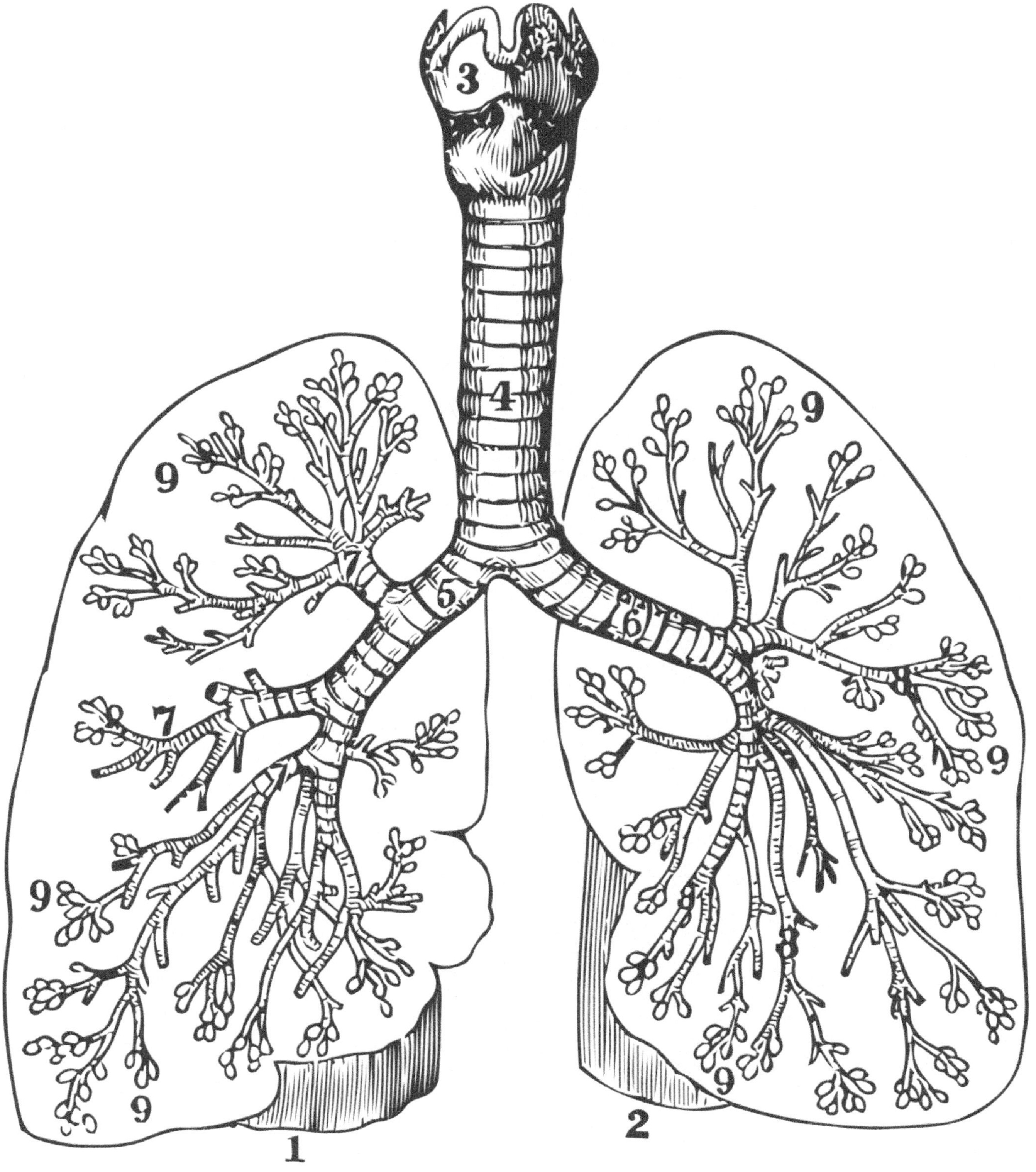

3
4
5
6
7
7
7
9
9
9
9
9
9
1
2

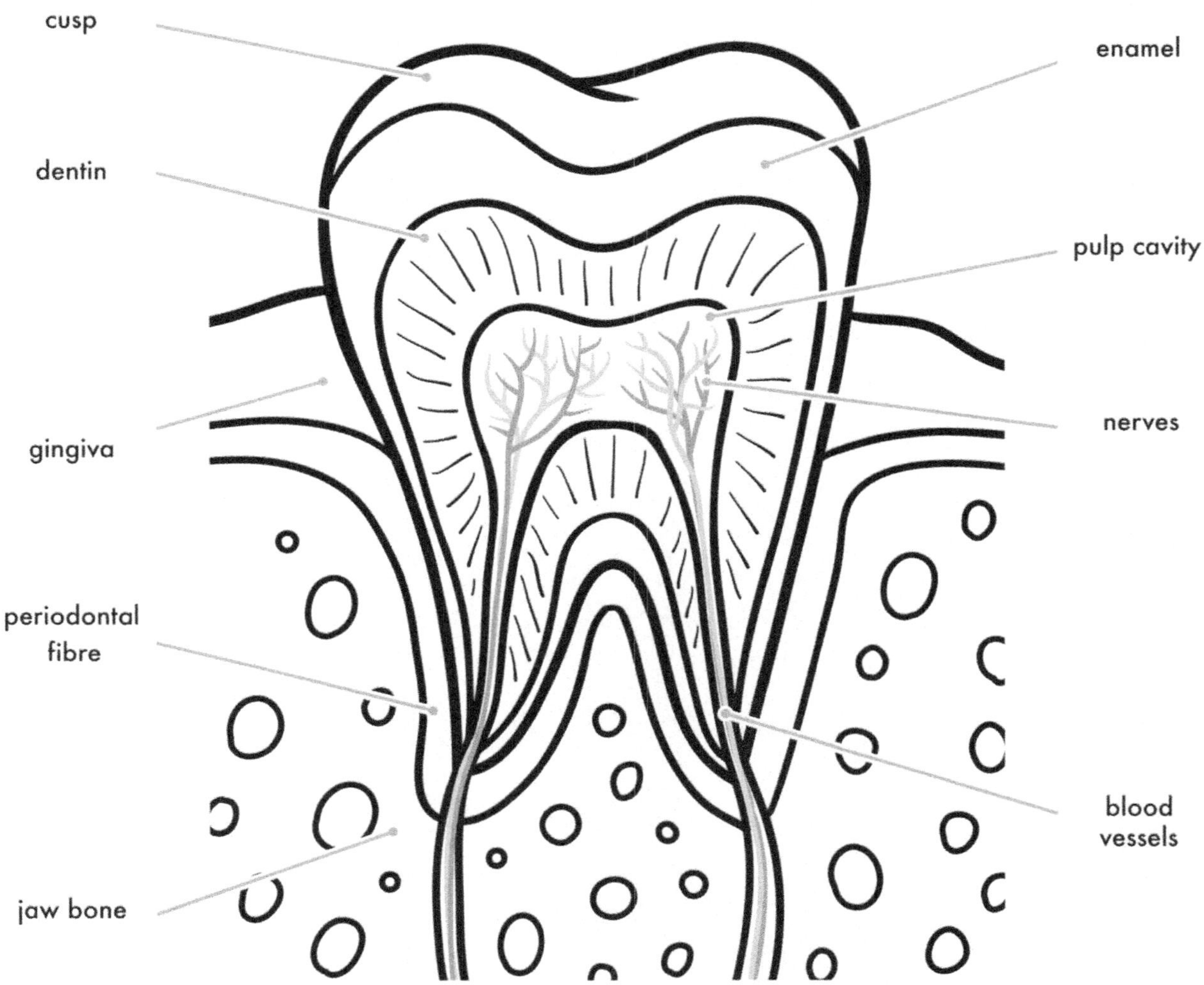
cusp
enamel
dentin
pulp cavity
gingiva
nerves
periodontal fibre
blood vessels
jaw bone

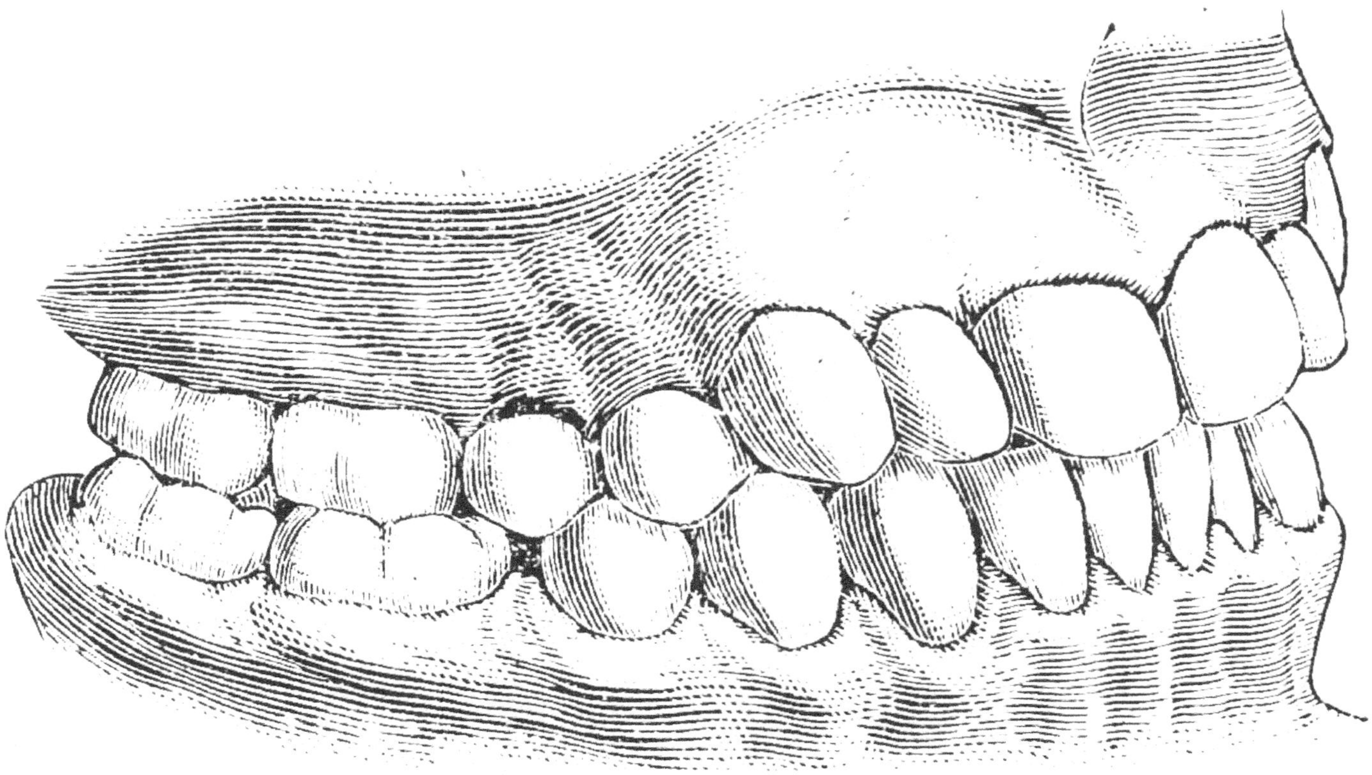

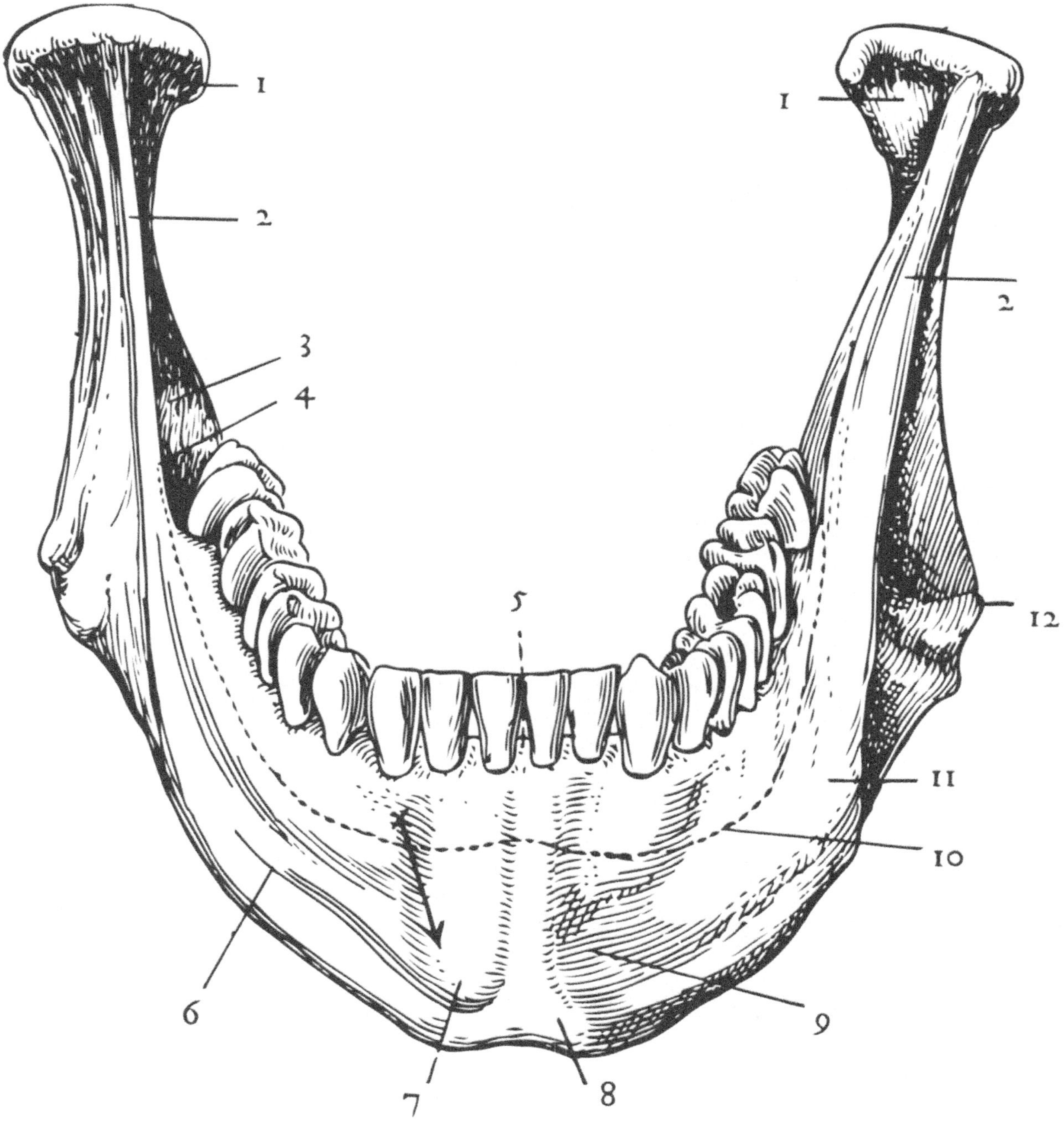
1
1
2
2
3
4
5
12
11
10
6
9
7
8

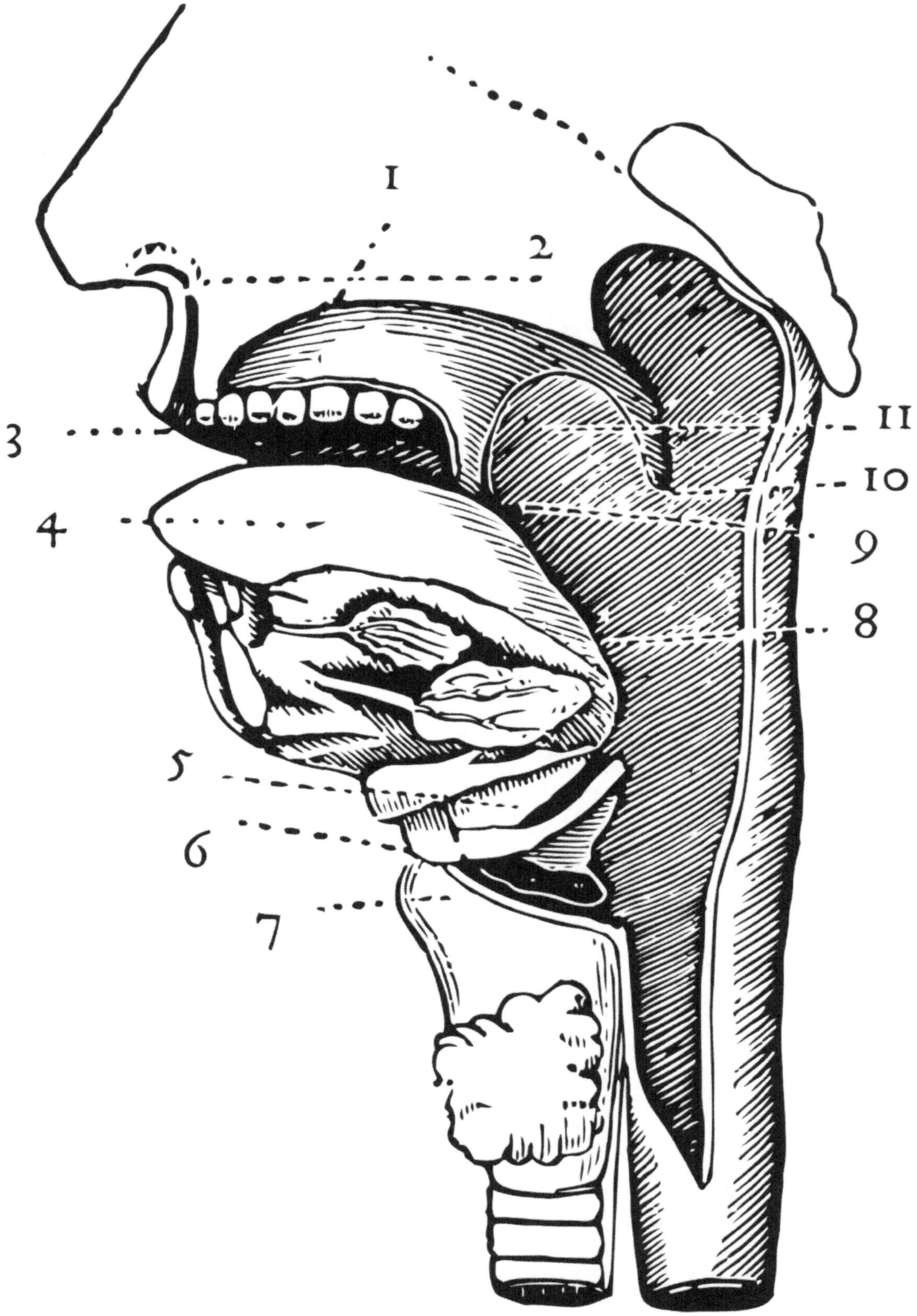

1
2
3
4
5
6
7
8
9
10
11

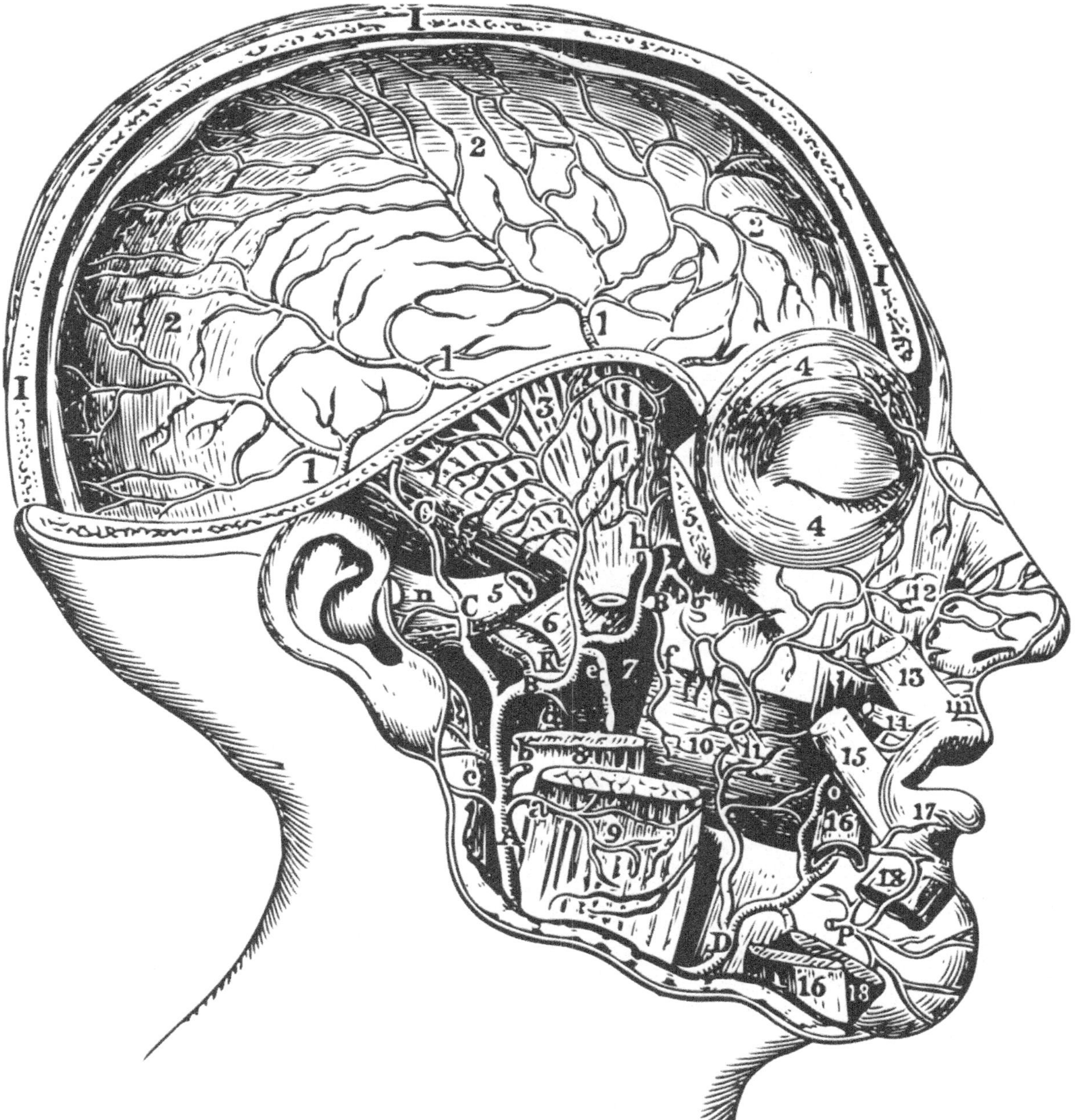

I
2
2
2
I
I
1
1
1
1
3
4
4
5
5
C
C
n
h
B
g
6
K
e
7
f
B
d
b
8
10
11
12
13
14
m
15
c
a
9
A
o
16
17
18
D
P
16
18

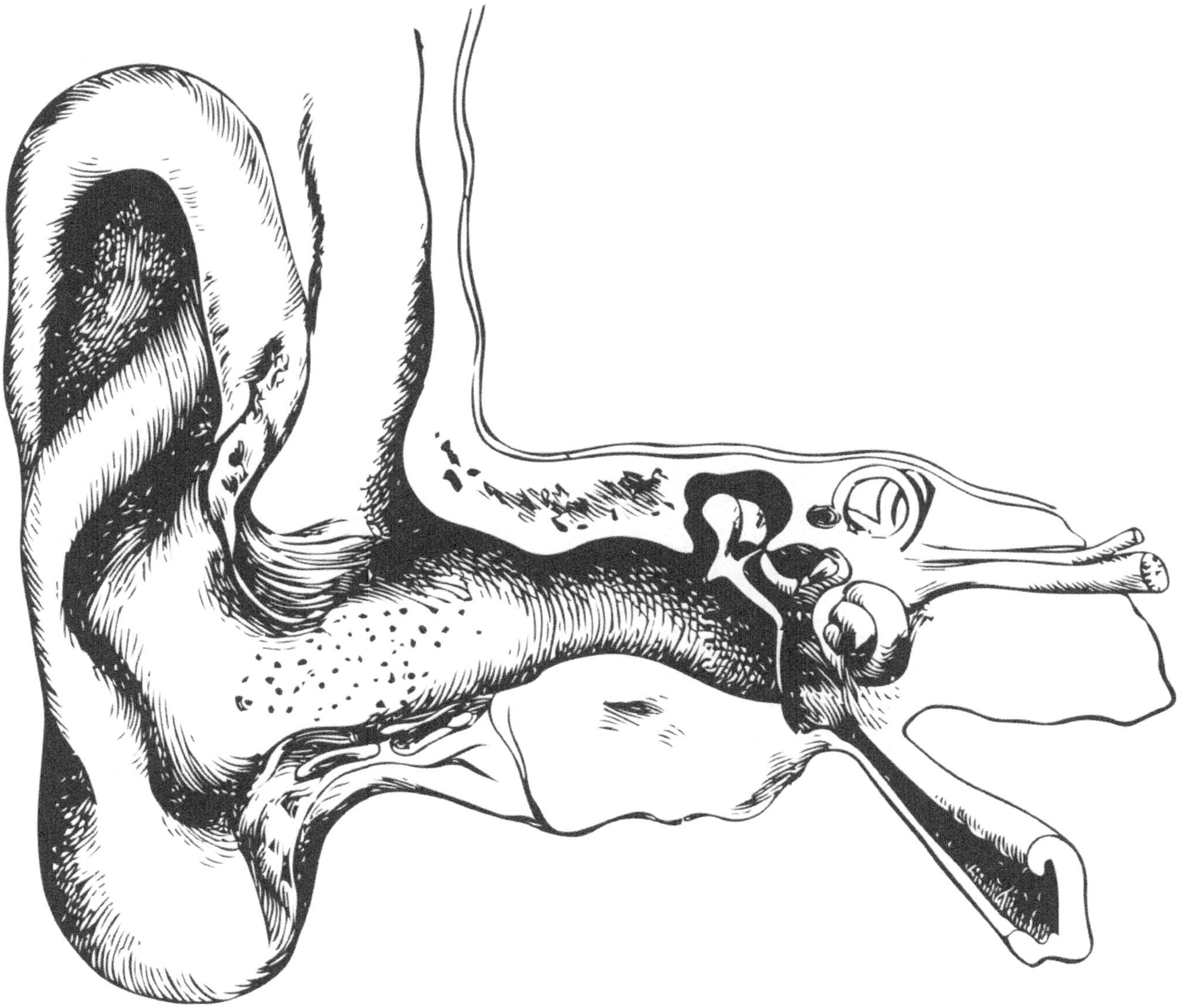

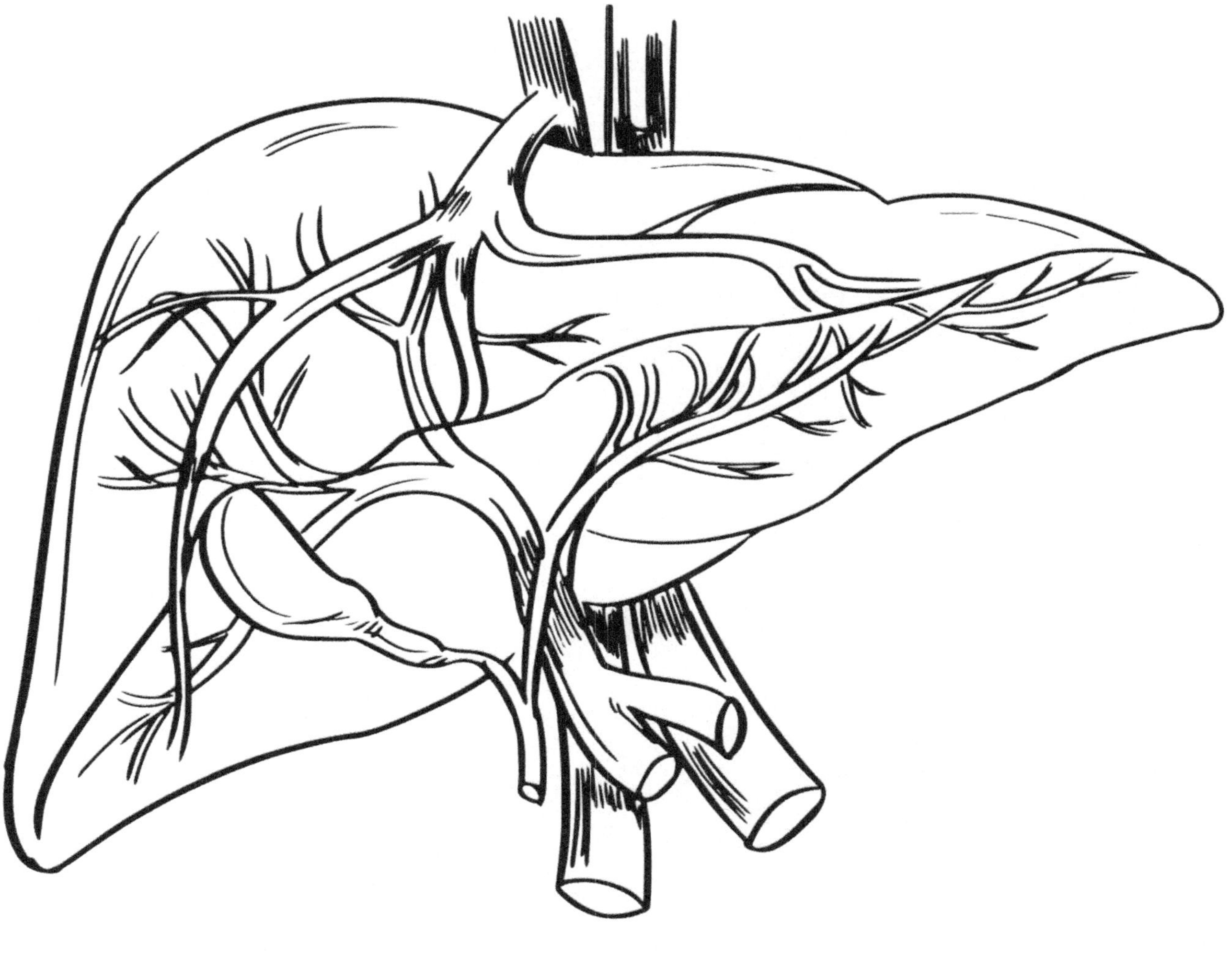

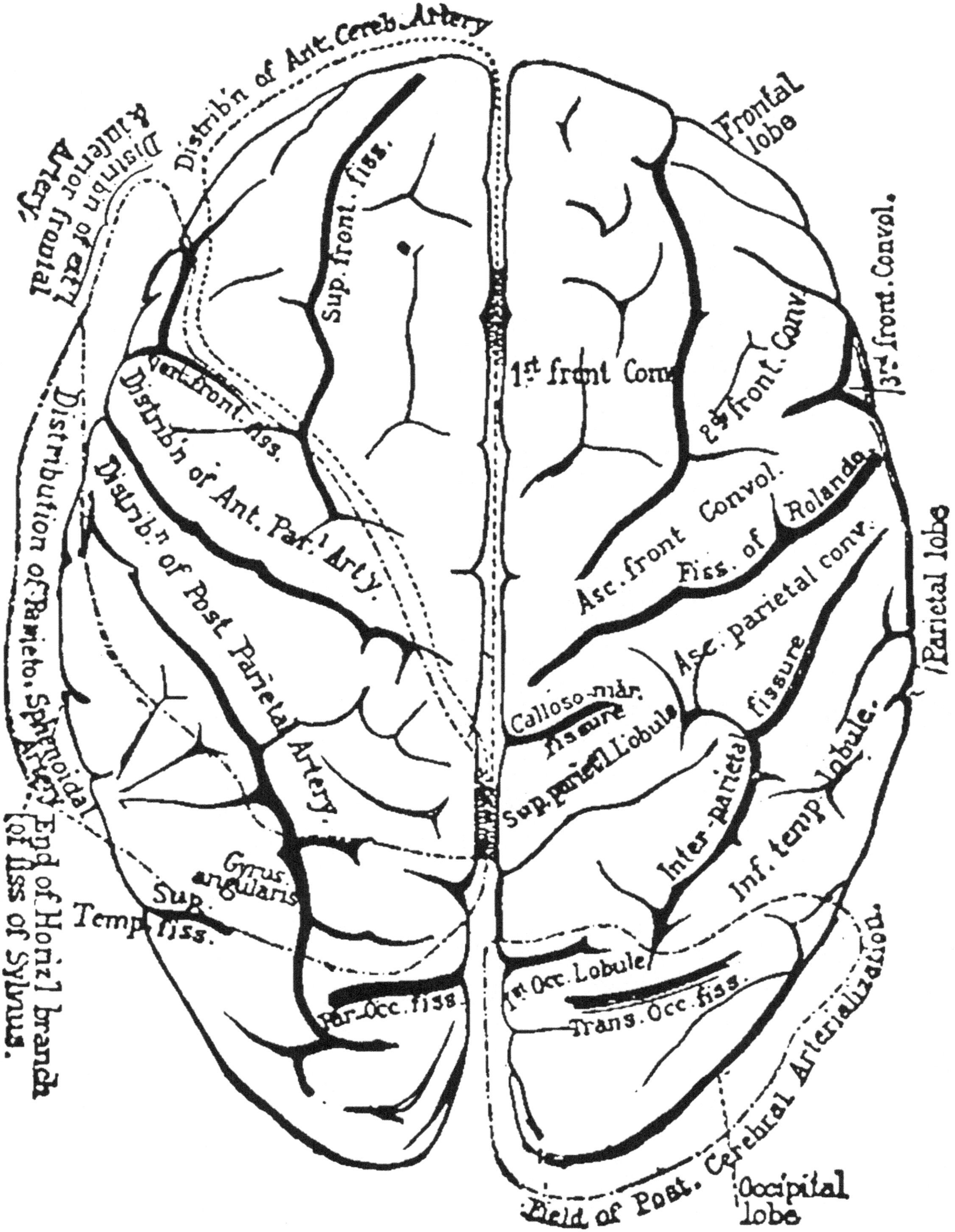

Distrib'n of Ant. Cereb. Artery
Distrib'n of ant & inferior frontal Artery
Frontal lobe
Sup. front. fiss.
1st front Conv.
2d front. Conv.
3rd front. Convol.
Vert. front. fiss.
Distrib'n of Ant. Par.l Arty.
Distrib'n of Post Parietal Artery.
Asc. front Convol.
Fiss. of Rolando.
Asc. parietal conv.
Asc. parietal fissure
Parietal lobe
Distribution of Parieto. Sphenoidal Artery.
Calloso-marg. fissure
Sup. parietl Lobule
Inter-parietal
Inf. temp. lobule.
Gyrus angularis
Sup. Temp. fiss.
End of Horiz.l branch of fiss of Sylvius.
1st Occ. Lobule
Trans. Occ. fiss.
Par-Occ. fiss.
Field of Post. Cerebral Arterialization.
Occipital lobe

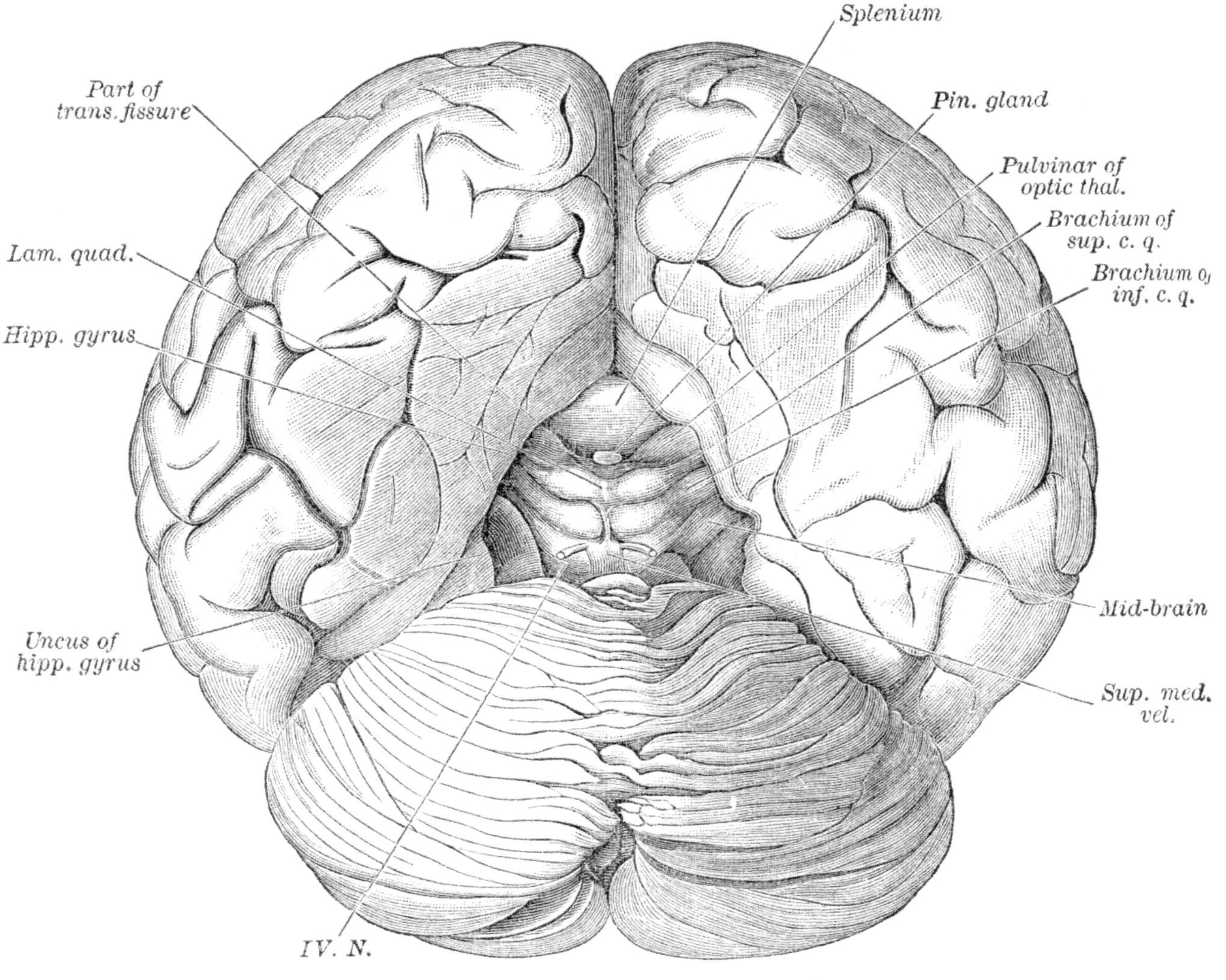

Splenium
Part of
trans. fissure
Pin. gland
Pulvinar of
optic thal.
Brachium of
sup. c. q.
Lam. quad.
Brachium of
inf. c. q.
Hipp. gyrus
Mid-brain
Uncus of
hipp. gyrus
Sup. med.
vel.
IV. N.

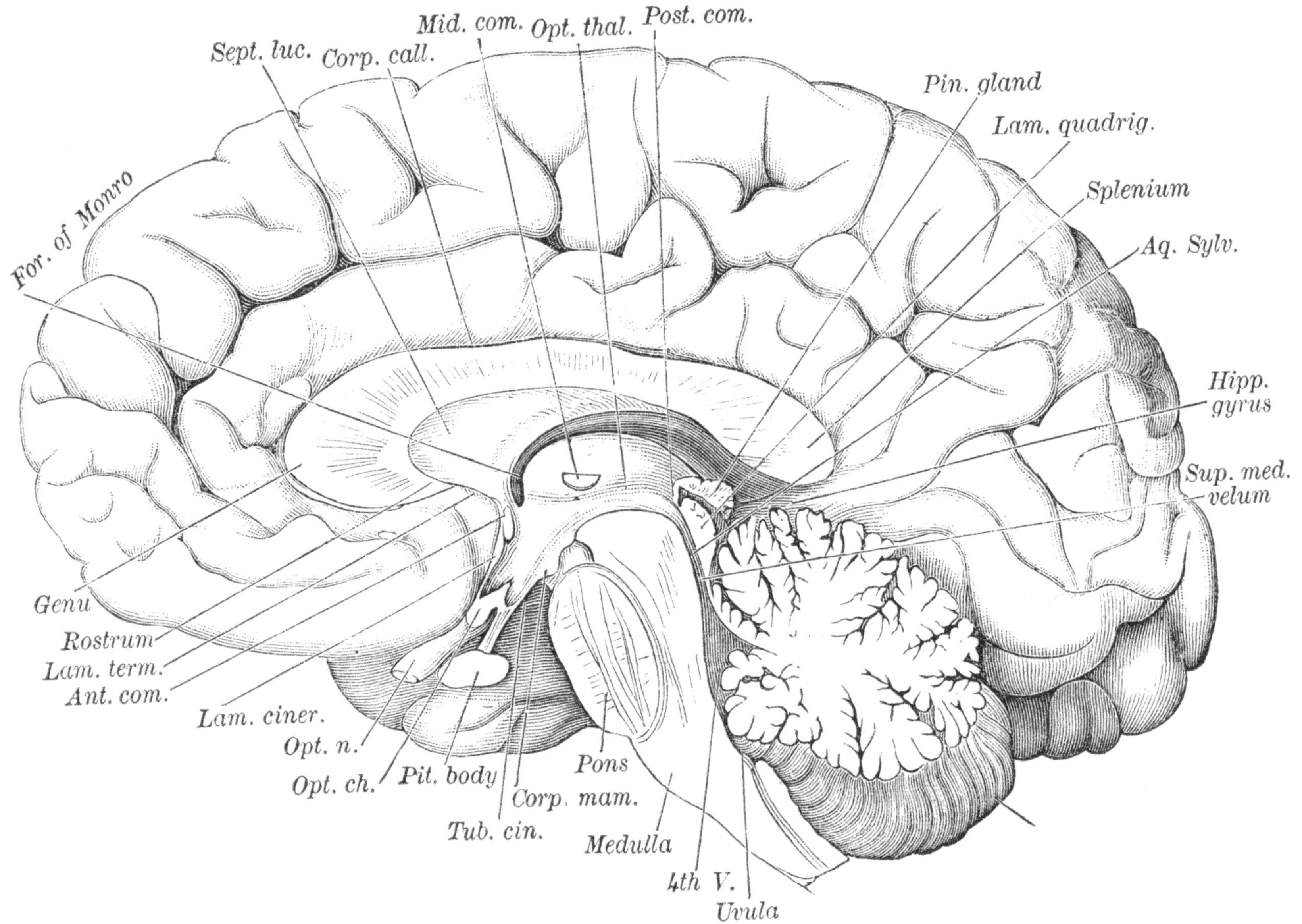
Mid. com.
Opt. thal.
Post. com.
Sept. luc.
Corp. call.
Pin. gland
Lam. quadrig.
Splenium
For. of Monro
Aq. Sylv.
Hipp. gyrus
Sup. med. velum
Genu
Rostrum
Lam. term.
Ant. com.
Lam. ciner.
Opt. n.
Opt. ch.
Pit. body
Pons
Corp. mam.
Tub. cin.
Medulla
4th V.
Uvula